见识城邦

更 新 知 识 地 图 　 拓 展 认 知 边 界

万物皆数学
Everything
is Mathematical

感官的盛宴
数学之眼看艺术

Playing with the Senses:
art through
mathematical eyes

[西] 弗朗西斯科·马丁·卡萨尔德雷（Francisco Martín Casalderrey）著

满易 译

中信出版集团｜北京

图书在版编目（CIP）数据

感官的盛宴 / (西) 弗朗西斯科·马丁·卡萨尔德雷
著；满易译. -- 北京：中信出版社，2020.12
（万物皆数学）
书名原文：Playing with the Senses: art through
mathematical eyes
ISBN 978-7-5217-2230-7

Ⅰ. ①感… Ⅱ. ①弗… ②满… Ⅲ. ①数学—普及读
物 Ⅳ. ①O1-49

中国版本图书馆CIP数据核字（2020）第179563号

图片版权声明
RBA Archive：p.34 上；Album DEA：p.85、p.86；Album Lessing：p.11、p.27、p.34 下；Istockphoto：p.7；Francisco Martin
Casalderrey：p.16、p.36、p.37、p.39、p.41、p.44、p.45、p.47、p.49、p.56、p.58、p.60、p.61、p.63、p.71、p.72、p.76、
p.39、p.78、p.79、p.80、p.81、p.83、p.84、p.87、p.88、p.90、p.91、p.93、p.95、p.97、p.100、p.109、p.110、p.111、
p.112、p.113、p.118、p.120、p.123、p.124、p.126、p.127、p.129、p.132、p.133、p.135、p.136、p.137、p.139、p.140、
p.141、p.142、p.149、p.150、p.151、p.153、p.154、p.155、p.156、p.157、p.163、p.165、p.167、p.168、p.169、p.171、
p.172、p.173、p.174、p.175、p.183、p.190、p.192、p.193、p.196、p.197、p.198、p.199、p.201、p.203、p.204、p.205、
p.206、p.209、p.210、p.212、p.213、p.214、p.215、p.216、p.217

本书仅限中国大陆地区发行销售

感官的盛宴

著　者：［西］弗朗西斯科·马丁·卡萨尔德雷
译　者：满易
出版发行：中信出版集团股份有限公司
　　　　（北京市朝阳区惠新东街甲4号富盛大厦2座　邮编　100029）
承 印 者：北京诚信伟业印刷有限公司

开　本：880mm×1230mm　1/32　　印　张：7.25　　字　数：83千字
版　次：2020年12月第1版　　　　　印　次：2020年12月第1次印刷
京权图字：01-2020-5720
书　号：ISBN 978-7-5217-2230-7
定　价：48.00元

目录

前　言

数学和人类文明的发展相伴相生，人类历史上每一个阶段的科学技术进步都基于先前的数学知识进步，否则便难以取得。

像物理学和天文学一类的传统科学，以及如经济学、社会科学和通常与计算机科学有关的新兴学科，都建立在数学的基础上，需要运用数学分析整合数据。

尽管数学和科技的关联显而易见，但若说数学与艺术还存在联系，则多少有些令人意外了。事实上，数学与其他艺术创作手段在人类文化中扮演着核心角色，人类的其他知识环绕在其周围，所有这些共同构成了一个词源学意义上的完整原子，成为宇宙不可分割的组成部分。

艺术和数学的联系其实比表面上看起来更加深刻，且成果丰硕。人类创造的两大方面，即数学理论和艺术作品，是并肩发展的。

在本书中，我们将带领读者重新审视上述理念。例如，在文艺复兴时期，透视画法的发明意味着绘画理念的根本性变革。中世纪时期的绘画视觉化手段被另一种全新的看待世界的方式所取代。在这个时期，画家、建筑师和数学家的工作往往相互交融或界限不清。当时不仅有精通数学的艺术家，也有艺术造诣不凡的数学家，且数学与艺术的联系对这两大领域皆有裨益。

从古至今，时间、空间和度量的概念一直备受关注，哲学、数学和绘画领域都曾涉及这些有史以来的谜题。本书将从数学的视角，通过审视伟大画家的作品来分析这三大概念。

艺术本身也为以数学视角来思考问题提供了一方沃土。数学能够通过其特定方法和看待现实的方式，来为艺术作品的分析和解读助力。数学同样也为画作欣赏者提供了这样一种工具，通过帮助欣赏者以另一种方式感知其所见之事物，增添赏析的维度和乐趣。

我们将通过重组"数学之眼"，来分析某些画作和建筑作品，并试图寻求一种能辅助解读艺术作品的全新视角。我们的视角并不局限于死板的艺术术语，也不局限于创作的几何学或叙事结构。该全新视角将弥补看待艺术的其他方式，例如纯粹的艺术、历史或叙事视角等。这样做的目的在于更好地了解艺术，并最终更具艺术鉴赏力，当然，也更能够享受数学的乐趣。

第一章

透视画法的诞生

布鲁内莱斯基的演示

"我叫万尼（Vanni），来自菲利波大师的画室。大师今天中午会在圣乔万尼教堂大门外等候你师父，特此派我前来告知一声。"

"你直接进去和我师父说吧，他就在书房里。往那边走，书房在露天庭院的另一边，一直走到有光的地方便是。"

万尼怯生生地敲了敲门，门内传来一声"进来！"万尼慢慢转动把手，打开门，门嘎吱作响。万尼一动不动地站在门口，手里拿着刚刚脱下以表致敬的帽子，低头盯着地板。

多纳泰罗（Donatello）放低了手中的报纸，抬起头，将万尼上下打量了一番，问道："小伙子，有何贵干？"

"我叫万尼，在菲利波·布鲁内莱斯基（Filippo Brunelleschi）的画室工作。大师让我来此请您于今日中午到圣乔万尼教堂大门外相见。"

"你知道他为什么让我去吗？"

"不知道。不过，我可以告诉您的是，来您这里之前我也向洛伦佐·吉贝尔蒂（Lorenzo Ghiberti）大师传达了同样的消息，待会儿还要去拜访卢卡·德拉·罗比亚（Luca della Robbia）大师的画室和其他几个地方。"

"那好，告诉菲利波大师我会赴约。"

菲利波·布鲁内莱斯基的邀请有些奇怪，不仅因为会面时间，他定的时间恰好在午饭前，一般所有画室都会利用这段时间暂停手头的工作并诵念《三钟经》，然后学徒们会与师父齐聚一堂，共进午餐，而且会面地也有点不寻常，他并没有邀请这些大师去他家里，而是约在公共场所，即当时尚未建成的大教堂广场洗礼堂的大门口。大教堂的修建工作已持续了一个多世纪，以当时的修建进度估计，还得耗费好几个世纪才能完成。

当时的佛罗伦萨还只是座未完全建成的城市。其多如牛毛的教堂中，多数都是砖砌外墙，不知出于什么原因都没有涂抹灰浆，随时间的消逝逐渐有所磨损。当时通过银行业或贸易新兴发家的大家族，例如帕齐家族（Pazzis）、美第奇家族（Medicis）、斯特罗齐家族（Strozzis）和鲁切拉伊家族（Rucellais）等，都修建了豪华的居所。各大家族还会互相攀比，一家比一家富丽堂皇，以彰显其筑于金钱之上的权力。

在多纳泰罗看来，菲利波这位同时代最有资历、知识最渊博的艺术家，以这种方式召唤各位艺术大师到这样一个地方，一定是有重要的事情要宣布。

多纳泰罗从其住所步行到了会面点。他到达时，佛罗伦萨的钟声齐响，这也意味着正午之来临。这是 1416 年冬末一个寒风彻骨的日子，晴空万里。多纳泰罗走近后，看到了穿着显眼的菲利波·布鲁内莱斯基，菲利波大师身边站着一名年轻学徒。这位个子高高、不修边幅的 15 岁小伙子虽不在他师父的画室做工，却与师父建立起了友谊，并赢得了城里其他所有艺术家的尊重，小伙子名叫托马索·迪乔瓦尼（Tommaso di ser Giovanni），人人都称呼他为马萨乔。万尼，也就是被派去发布邀请的小伙子，也在现场，站在他师父菲利波的身后，旁边立着一个木箱。菲利波微笑着，身穿一袭蓝色呢子长袍，以抵御冬天的寒冷，头裹一顶鲜红的帽子，看起来更像是完全裹住头发的头巾，尾端悬垂于身后，这种类型的头饰并不少见，而且在多纳泰罗看来还有些过时。多纳泰罗一边在心中琢磨菲利波的穿着，一边站到年轻的托马索身边。在几名年轻人的环绕下，一旁的菲利波看起来比寻常人更显矮小。

艺术家相继应邀而来，互相打完招呼，满怀期待地等着。布鲁内莱斯基慢条斯理地开腔了。他带着一股子已习惯于教导他人并给予解释的典型腔调，一字一顿，从而给足听话者思考的空间，还时不时环顾四周，以确保听话者都在聚精会神地听，且都理解了他讲话的内容。

"我将各位召集至此，是为了给大家展示一下我最近几个月一直在做的一个东西。大家知道，多年来，我一直在研究如何将画作中所呈现的内容像现实一般展现给观赏者。通过运用我的几何研究和其他数学知识，我发现了一种绘画方式，可以使画家完美呈现画中之事物，并且如果能够娴熟、雅致地运用色彩和阴影的话，任何观赏画作之人都难以将其与现实加以分辨。

"我带的这个木箱中所藏之物便能够证明我所说的绘画技巧，接下来我将向各位展示，这种方法的确奏效。"

所有人都下意识地朝菲利波所指的方向看去，目光落在由万尼守护的箱门紧闭的木箱上。菲利波仍旧静静地等着，周围人也互不说话，各自忖度着这只神秘的箱子里到底装着什么东西。

人群围成圈，站在紧挨主门的台阶旁，等待着聆听大师接下来的话语。这时，大教堂的神职人员打开了教堂的两扇正门，从门外可以看到里面的洗礼堂。

同时，布鲁内莱斯基走近箱子，让手下人将其打开，从箱子里取出一块约50平方厘米的画板，画板上是他画的佛罗伦萨圣乔万尼教堂洗礼堂，也就是众人此刻所处的位置。画作呈现的是站在圣母百花大教堂门廊内所见的该建筑的内部。

画作如此精细雅致，画面上黑白相间的大理石的色彩运用如此娴熟，没有任何一位细密画画家能够画得比这还好。洗礼堂的外墙和从观景点能看到的广场区域都在作品中有所呈现。在大教堂穹顶接触天际的地方，布鲁内莱斯基运用了锃亮的银色，从而呈现出真实的天空质感，甚至还能看出穹顶上云朵的随风飘移感。

布鲁内莱斯基将画板举起，展示给每个人看，让大家都能仔细看个究竟。他问众人是否看出了任何玄妙之处，并再次绕场一圈将画板展示给人群查看，但没有一个人说话。

最后，还是马萨乔开口说道：

"大师，毫无疑问，这幅画创作精良，美轮美奂。不过我想提出一点，我注意到，您犯了一个小错误，不过这并不影响画作的高品质。我注意到在您的画作中，圣赞诺比圣迹的圆形石柱位置恰好与实际位置相反，我们从这里都可以看到这一点。弥塞里

圣母百花大教堂大门前的圣乔万尼洗礼堂，布鲁内莱斯基曾在此进行"演示"
（来源：FMC）

科耳狄亚的雕像也与实际位置相反。是不是当您将实物素描草图誊到画板上时，没有意识到正反面反了？"

布鲁内莱斯基静静听着马萨乔的观点，笑而不语，这正是他所期待的回应，但他并没有打断这位年轻人的发言，而年轻人也因为意识到指出了大师画作的瑕疵而逐渐面露尴尬。

菲利波最后说道："这正是我期待的答案。其实，我在画板上把洗礼堂的左右两面调换了，就像是镜像一样。但这并不是个失误，而是我有意为之。我的朋友们，这正是我接下来要为大家演示的实验的一部分。

"还有，你们再看看我在画板上开的这个小孔。从有画像的这一面看过去孔很小，差不多只有一颗小扁豆那么大。但从背面看过去，这个女士草帽形的开口有一枚达克特币^①那么大。我设计这个孔的目的是让观赏者通过孔洞透过画板向外看。画家在作画时必须注意让观赏者通过这个孔看到的画作的实景呈现的高度、宽度和距离与画作的高度、宽度和距离一致。"

随后，布鲁内莱斯基转向多纳泰罗说："你来，用右手拿着画板，将画板背面正对自己。站在大门的中央，往圣母百花大教堂里走两步，眼睛通过小孔来观看洗礼堂。告诉我，你看见了什么？"

"我看见了洗礼堂，师父，还应该看见其他的东西吗？"

———————————

① 达克特币为旧时在多个欧洲国家通用的金币。——译者注

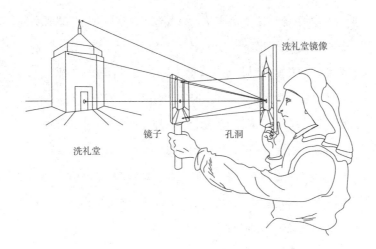

布鲁内莱斯基正在进行将其名字载入史册的"演示"（来源：FMC）

多纳泰罗回答道。

　　布鲁内莱斯基笑着说："现在左手拿着这面镜子，手臂尽可能往前伸，使镜子刚好遮住洗礼堂，并将其从一侧移动到另一侧。告诉大家，现在你能看见什么？"

　　多纳泰罗沉默了一阵，惊叹不已。当他的手臂尽量像布鲁内莱斯基说的那样伸展，随着镜子移动时，镜子遮住洗礼堂的那一部分与镜子反射出的大师画板上画像的一部分正好重合，天衣无缝。镜中反射的教堂画像与教堂的实际图像完美接合，从两个不同的来源形成了同一个物体的一幅连续视图，镜子仿佛不存在一般。

　　多纳泰罗几乎找不到合适的言语来将这一切解释给他的朋友

们。见多纳泰罗露出惊讶的表情，其他人也蠢蠢欲动，想要亲自一探究竟。画像和镜子在人群中不断传递，人们发出阵阵感叹。轮到年轻的托马索时，他观看了一会儿，然后说道："师父，现在我明白您为什么在绘画圣殿时将左右两边对调了。当您的画作反射在镜子中时，一切又恢复到原来的模样了。小孔的目的在于固定观赏者的视角。我还注意到了另外一点，通过伸直手臂来将镜子举起形成的眼睛与镜子之间的距离按画板上绘画的比例缩放的话，是与我们的观看点和实际教堂的距离等同的。"

布鲁内莱斯基的脸上泛出光芒。

"完全正确！"他几乎大喊起来，"这就是逻辑推理的关键。正如你们看到的那样，我的绘画与实景图几乎难以区分。亲爱的朋友们，我已发现了一种简单的方法来以完美比例呈现肉眼所及的一切事物，从而使观赏者能够看见画家绘画时看见的景物。并且，我可以告诉大家的是，这种方法是受到数学定律的支配的。"

他最后的这句话无疑是最让大家惊奇的。

"从今往后，任何希冀于献身绘画艺术的人都得学习欧几里得，并且还要在先前已学知识的基础上学习透视画法这一精妙技术。任何想要成为真正艺术家的人同样也应当热衷于阅读及学习古代圣贤，并且与其他有修养的人士一样，从已学知识中产生新的灵感。"

通过以上这些记录，我们再现了艺术史和数学史上的关键时刻之一，这一刻是两条历史线索的交会处。在本书中，我们将会看到这并不是这两大领域交会的唯一时刻。

菲利波·布鲁内莱斯基是"人工远近画法"或叫"数学透视画法"之父，这种画法与欧几里得研究的"自然远近画法"或叫"光学透视画法"正好相反。不过，布鲁内莱斯基并没有将其方法加以记录。出身于富商和银行家家庭的艺术家莱昂·巴蒂斯塔·阿尔伯蒂（Leon Battista Alberti）1401 年由于政治原因被驱逐出佛罗伦萨。多年以后，当他重新回到这座托斯卡纳地区的首府城市时，加入了当地的人文主义者圈子，并与当时最耀眼的艺术家建立了友谊，其中包括多纳泰罗、吉贝尔蒂、卢卡·德拉·罗比亚，以及最重要的布鲁内莱斯基。1435 年，阿尔伯蒂完成了巨著《论绘画》（*On Painting*），并以该著作向布鲁内莱斯基致敬。这部巨著首次记录了运用数学透视画法进行绘画的技法。

布鲁内莱斯基：实践出真知

菲利波·迪·塞·布鲁内莱斯基·利比，简称菲利波·布鲁内莱斯基（1377—1446），佛罗伦萨颇负盛名的建筑大师、雕刻家、画家和数学家，其最大成就是设计了位于佛罗伦萨的圣母百花大教堂的穹顶。

后人认为他曾在 14、15 世纪盛行于佛罗伦萨的其中一所俗称"算盘"学校的商业专科学校学习过艺术和简单的数学。菲利波的父亲是一名公证员，他希望身为次子的菲利波能够追随他的脚步成为一名公证员。

菲利波年轻时所展露出的艺术天赋使其父亲最终允许其进入学校学习，并寄希望于他能最终成为一名金匠。多年以后，菲利波成为一名娴熟的金匠，并加入了"丝绸行会"这一历史性的组织。该行会集合了众多各行各业的工匠，除了有丝绸工人外，还有金匠、铁匠和铜匠。这一重要组织后来向菲利波提出了其职业生涯中最重要的工作委任之一，也就是设计建造育婴堂（Hospital of the Innocents）。乔尔乔·瓦萨里在其著作《艺苑名人传》（*Lives of the Artists*）中说：

> "梅塞尔·保罗·达尔·波佐·托斯卡内利①访学归来，一天晚上碰巧在花园里与朋友共进晚餐。当时他还邀请了菲利波。菲利波聆听了他在数学艺术领域的阔谈后，便与其建立了亲密的联系，并向他学习几何学。尽管菲利波当时没什么学问，却能够凭借其天性就一切事物做出理性思辨，且不断通过实践和经验加以磨砺，其完美的推理常常使得托斯卡内利都大为惊异。"

---

① 梅塞尔·保罗·达尔·波佐·托斯卡内利（Messer Paolo dal Pozzo To-scanelli），物理学家多梅尼科·托斯卡内利（Domenico Toscanelli）之子，他本人是一名知名天文学家，正是他所提出的由欧洲向西航行可以到达日本的观点成了哥伦布航行的基础。——译者注

布鲁内莱斯基对数学和几何学的兴趣使他成为提出透视画法数学原理的第一人。他有着众多的追随者，其中包括马萨乔。除艺术家外，布鲁内莱斯基同时还是画家、雕刻家和建筑大师。1420 年，他受邀参加一项公开比赛，并与洛伦佐·吉贝尔蒂共同获奖，两人赢得了创作圣母百花大教堂穹顶的委任，不过最终真正创造性地推动这项工程并负责实施的是布鲁内莱斯基一人。该项工程持续至 1434 年。

除上述这项工程和育婴堂外，皮蒂宫（Pitti Palace）也是从布鲁内莱斯基负责的一项工程中诞生的，尽管在他去世后才得以最终修建。

菲利波·布鲁内莱斯基重新定义了建筑师的职业角色，使其更接近于我们对该职业的现代意义上的理解。建筑师不再像中世纪的项目包工头那样只是负责建筑过程的"机械"部分和技术操作阶段的工匠，而是在工程设计阶段就扮演了至关重要的角色。因此，建筑学成为一门基于数学、几何学和艺术与历史知识的"人文学科"。

焦点透视法

用绘画确切地再现人眼观及的实际景象并不是艺术家的唯一追求。与此相反，许多情况下，符号或叙事语言被给予的重要性远超现实主义。画家一方面要创作出一幅美妙的画作，另一方面还要根据委托人的要求遵从某一特定功能目的。这些功能目的有可能是讲述故事、宗教仪式用途、解释概念或向某人致敬。只有出于最后一项功能，现实主义才可能帮得上忙，但作用也是有限的，因为在这层意味上，画家的主要目的是彰显人物的优点，特别是伦理德行方面的优点。为了达到这一目的，艺术家可以破格对人物的外貌进行艺术再造，改善其外表，或至少是掩饰其瑕疵。

在乔托时代，一切开始有了转变。在某种程度上，绘画的现代理念诞生了。画家在描绘故事的时候必须使其叙事可信。在描绘人物肖像时，必须寻求一定程度的外貌相似性。象征主义是服务于艺术家的，而不是刚好相反。就其现代意义而言，象征主义的目的更多是标志性的。当画家描绘圣约瑟（耶稣基督之母马利亚的丈夫）时，由于显而易见的原因，画家无法画出逼真的肖像，因此为其画了一根带花的权杖，以表示该人物就是圣约瑟。但是当描画其他有可靠相貌历史记录的人物，例如但丁·亚利基利（Dante Alighieri）时，就得借用现实主义手法了。

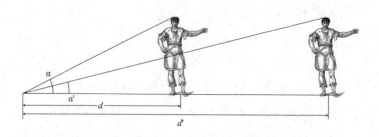

视角 α 看到的是距离 d 处的人像，随着人像与观赏者距离的增加，即 d' 增加，则视角 α' 有所缩小（来源：FMC）

　　自古以来，我们凭日常经验就知道，远处的物体应当比近处的物体看起来更小。艺术家们也是一贯这样操作的，试图以一种简单的方式再现人眼所见的事物。透视画法表现形式可以在诸如庞贝古城湿壁画这样的例子中找到。事物大小的缩减被认为是与视野夹角有关。事物越远，这一视野夹角越小。

　　那时人们也能想到，当再现室内图时，所有与地板平行的视线都交会于同一点，所有与天花板平行的视线也交会于某一点。不过，他们不认为这两处交会点会在无限的远处重合，而是认为它们会处于同一条纵线上。位于意大利城市阿西西（Assisi）的圣方济各圣殿（basilica of St. Francis）中由乔托创作的系列湿壁画，就可以看出是基于这一焦点透视法的。

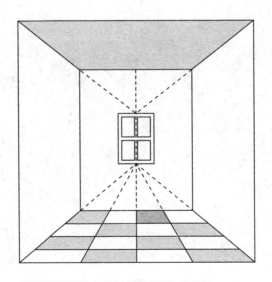

存在两个不同消失点的室内绘图（来源：FMC）

例如，在《圣方济各在教皇洪诺留三世面前讲道》（*St. Francis Preaching Before Pope Honorius Ⅲ*）这幅湿壁画中，我们可以看出，全部场景被置于三扇拱门后面。教皇坐在其宝座上，占据着整幅湿壁画的中心位置。宝座的台阶并没有准确地与覆盖整个空间的拱门顶篷对齐。我们的视线会使我们怀疑画中的一些人物角色究竟是位于立柱前方还是后方。尽管如此，这依然阻止不了整幅壁画场景的和谐感。整幅壁画仍能表现出某种深度感和空间感，地板与天花板的视线交会于不同的点，不过仍然处于同一条纵线上。

乔托创作的《圣方济各在教皇洪诺留三世面前讲道》

且慢！什么是透视法？

在本书中，我们应当以一种更加概念化的方式来阐释通过概念化视角可以理解的事物。作为这一领域最受人尊敬的学者之一，欧文·帕诺夫斯基（Erwin Panofsky）在其著作《作为象征形式的透视法》（*Perspective as Symbolic Form*）中对透视法做了如下描述："透视法，就其最完整的意义而言，是以看不见的手段安排画作中的事物，使其再现若干事物与其周围环境的能力。如此，观赏者会认为其视线透过画作，进入了一个假想的空间，该空间包含了画作中的事物，且具有无限的延展性，画作的边缘线只是截取了空间中的一段。"

我们前面已经提到，第一本介绍数学透视画法的著作是由博学大师莱昂·巴蒂斯塔·阿尔伯蒂所写作的《论绘画》。这本专著最初以拉丁文写作，后又由其本人翻译成托斯卡纳语，取名为《绘画论》。

透视法的术语

从根本上说，透视画法依据的数学原理是视觉锥体这一概念。锥体的顶点就是画家眼睛的位置，这被认为是一个独一无二、静止的点，锥体的基底包含了朝该方向视线所及的一切。透视画法就是该视觉锥体和该绘画平面的交叉。例如，我们想

《绘画论》序言——阿尔伯蒂

我过去常常惊叹，在历史上最光辉灿烂的时代产生过如此众多卓越非凡、出类拔萃的艺术和科学作品，但也同时为现如今这类杰出作品的匮乏甚至几乎完全消失而痛心不已。……因此我对许多人所说的话深信不疑，那就是万物之母的大自然已年华老去，疲惫不已。在她风华正茂、意气风发的岁月里，天才和巨人层出不穷，令人惊叹，而如今却已是时过境迁。

我们阿尔伯蒂家族曾长期被放逐在外，我也是年岁渐长。自从我再次回到我的城市（佛罗伦萨），我已逐渐明白，在很多人身上，尤其是你——菲利波（布鲁内莱斯基）、我们亲密的朋友雕刻家多纳托（多纳泰罗），以及其他诸如南希尔（吉贝尔蒂）、卢卡（德拉·罗比亚）和马萨乔这样的艺术家身上，都存在一个能够完成任何一件值得称颂的事业的天才。正是出于这一点，他们不应当因为任何专注于这类古典艺术研究人士的利益而被轻视。因此，我深信，在任何艺术或科学领域获得广泛声誉的能力更多地取决于我们的勤勉和孜孜不倦的态度，而不是取决于身处的时代或是自然禀赋。必须承认，古人要做到这一点相对更加容易，因为他们有可供模仿和借鉴的榜样，以掌握这些高超艺术的知识，而这对于今天的我们却最为困难。在没有导师或任何楷模的情况下，如果我们要探索闻所未闻、见所未见的艺术和科学领域，就不得不争取更高的声誉。当看到这样一座巨型雕塑，它拔地参天，其阳光下的阴影大到足以遮盖托斯卡纳的所有人群，且是在没有大量木材支撑的情况下完成的，有谁会难于或是出于嫉妒心理而不去赞美建筑大师菲利波呢？因为这项艺术成就在我们这个时代似乎是不可能取得的，如果我的判断正确的话，那么古人也应该是没有听闻过、没有想到过的。但是菲利波，会有其他的场合，来称颂你的美誉，来称颂多纳托的德行，以及其他一些我最欣赏的艺术家。正是你夜以继日地工作、你坚持不懈发掘探索、你出类拔萃的才华赢来了永恒的声誉。如果你时间允许的话，如果你能够再次垂阅我的拙作《论绘画》，我会不胜欣喜。这套书我是出于你的声望而将场景设定在托斯卡纳的。你会读到三本书：第一本书完全是关于数学的，讲述了这一令人愉悦、至高无上的艺术之源正是自然界的根基；第二本书将艺术置于艺术家之手，将艺术的各部分加以区分，并展示所有；第三本书向艺术家介绍了艺术的方法和目的，以及获取完美绘画技巧和知识的能力与期望。希望你能从花费精力垂阅我的书稿中获得愉悦。如果你认为此拙作有任何需要修改的地方，请帮我指正。任何作家，哪怕再有学问，也需要有博学之友的帮助，我尤其希望你能帮我纠正错误，以避免招致他人的吐槽和诋毁。

要在绘画平面 π（例如画布）上再现置于地面上的矩形 $ABCD$，当站在地面上的 P 点观看时，观赏者的眼睛距地面的高度为 p，与画作的距离为 d，其眼睛位于 O 点。我们来画一个视觉锥体 $OABCD$，该锥体与绘画平面 π 相交于 $ABC'D'$ 点。因此，梯形 $ABC'D'$ 便是矩形 $ABCD$ 的透视法再现。

换言之，透视法再现是从中心点 O 到无穷平面 π 的某一部分的投射，该无穷平面 π 受画作轮廓的限制。绘画平面 π，又叫绘图平面，在该情况下是与地平面或几何平面相垂直的，尽管这一点并非必要。两个平面的交叉线称为地平线。观赏者的眼睛，又叫视点 O，位于离地平面高 p 的位置，距离绘画平面 π 为 d，在该平面上的垂直投射点为 O'，该点为主要的消失点。绘画平面中与地平线平行且位于 O' 高度的线被称为水平线。

地面上的任一点都在绘画平面上有所表现。例如，地面上的点 D，在绘画平面上就是点 D'，这一点也就是眼睛所在的点 O 与点 D 的连线在绘画平面 π 上的交点。

阿尔伯蒂眼中的透视法

阿尔伯蒂的透视法应该与布鲁内莱斯基最初的方法大致类似。他在其著作《论绘画》中对该透视法的介绍有点模糊不清，令人疑惑。而且，他的书中也没有运用图表来加以阐释。我们将力图通过仔细研读其书中的原话并在脑海中重建视觉化

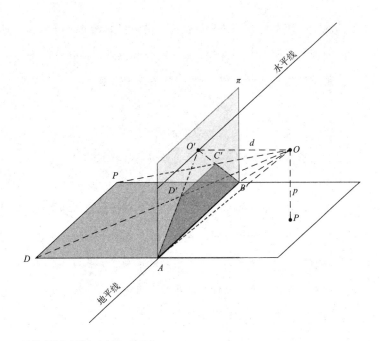

透视法的基本概念（来源：FMC）

图像，来阐释其方法：

首先来看看我绘画的位置。我画了一个直角矩形，并认为它是一扇开放的窗户，我可以通过它看见我想画的事物。在此我依照个人喜好自行决定画中人物的大小。我将这些人物纵向划分为三个部分。这些部分在我看来与布拉乔这一衡量尺度成比例，用该衡量单位测量普通人的身高约为3个布拉乔。

佛罗伦萨布拉乔，又叫布拉佐，是传统的长度测量单位，约为一臂长，相当于 58.4 厘米。因此，根据阿尔伯蒂的描述，文艺复兴时期一个普通人的平均身高约为 175 厘米。

我将该直角矩形的底边以布拉乔为单位尽可能地进行划分。然后，在矩形内部我认为最好的位置标记一个点，该点占据了中央射线发射的位置，因此我将该点称为中心点。该点位置刚好合适，其与矩形底边的距离不高于我打算在此画的人物的身高。这样一来，观赏者和他所观看的人物会位于同一平面上。我用直线将刚才所说的该中心点与矩形底边的每个分隔点连起来。这些线向我展示出每一个横向分量如何在视觉上有近乎无穷的变化。

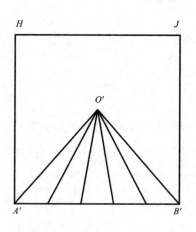

阿尔伯蒂画的直角矩形（来源：FMC）

据此，我们得以重构阿尔伯蒂的透视画法图，如下所示：

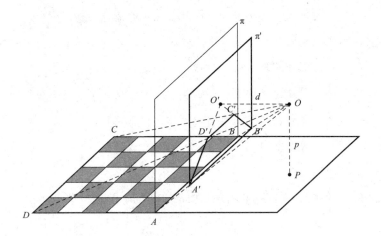

阿尔伯蒂的透视画法图（来源：FMC）

阿尔伯蒂的"窗户"所在的绘画平面 π' 与绘画平面 π 并不重合，是与之平行的。因此画作中的物体并不是真实尺寸，而是以特定的缩放尺度与实际大小成比例。该缩放尺度由画家在确定将用于再现该人物大小时所选定。始于画家眼睛点 O 并终结于基底 $ABCD$ 的视觉锥体与绘画平面相切割，构成了一个梯形 $A'B'C'D'$。点 O 在绘画平面上的垂直投射点为 O'，这也是阿尔伯蒂所描述的中心点。

阿尔伯蒂提出了如下方法来画横轴线：

我选定了一小块空间，在其内部画一条直线，并将该直线进行划分，划分的数量与划分该矩形底边时同等。随后，我在与中心点等高的位置置入一个点，并画直线将该点与每一个分隔点相连接。然后我随意地确定一个从眼睛到画作的距离，并在该横截面上画一条垂直线，来切割其所遇到的任一直线。……这样一来，这条垂直线与其他部分的交叉就形成了一系列横向分量。我用这种方式最终描绘了所有平行事物，也就是画作中以布拉乔为单位的方格。

大体上，我们可以将阿尔伯蒂的以上描述用如下图表示：

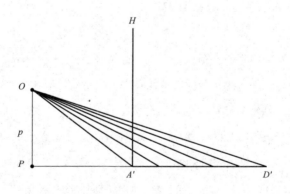

阿尔伯蒂方法的辅助画法（来源：FMC）

他画了直线 $A'D'$，并将其划分为与底边同等数量的部分。他在一定距离外选定了点 P，即他希望观赏者所站立之处，并

在此处设置了点 O，该点等高于中心点与画作底边的高度距离。直线 $A'H$ 和从点 O 到直线 $A'D'$ 上各分割点的视觉连线的交叉点构成了横轴线之间的系列分隔，如下图：

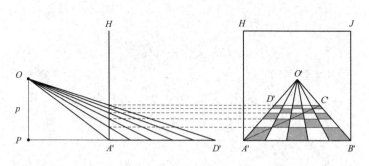

横向分隔序列的转移（来源：FMC）

现在唯一要做的就是将这些系列分隔转移到画作上，从而得到如上图所示的格子地板。通过遵循实验方法，阿尔伯蒂提出，要核实所画之物是否准确无误，可以在其中一个小方格内画对角线，然后将其延伸，并检查该延伸线是否刚好与其他方格成对角关系。

皮耶罗·德拉·弗朗切斯卡的透视画法

皮耶罗·德拉·弗朗切斯卡（Piero della Francesca）在其著作《绘画透视学》（*De Prospectiva Pingendi*）中提到了阿尔

阿尔伯蒂：多面人文主义

　　莱昂·巴蒂斯塔·阿尔伯蒂（1404—1472）或许是与莱昂纳多·达·芬奇并列的最具代表性的文艺复兴式人物。他耕耘于建筑学、数学、人文主义和诗学，以及密码学、语言学、哲学、音乐和考古学。

　　阿尔伯蒂出身于佛罗伦萨一个富商和银行家家庭，曾被放逐到热那亚。他曾先后在威尼斯和帕多瓦学习，并在博洛尼亚获得了法学博士。在博洛尼亚，他同时还学习了音乐、绘画、雕刻、数学、哲学和希腊语。作为一名作家，他同样成果丰硕，不仅用拉丁语写作，而且用托斯卡纳语写作，并热衷于捍卫托斯卡纳这一语言。他是布鲁内莱斯基的朋友，其著作《绘画论》便是献给布鲁内莱斯基的。他还与多纳泰罗等人建立了友谊。他在佛罗伦萨做过建筑师，尤其是为当时的一位商人和慈善家鲁切拉伊（Rucellai）工作。鲁切拉伊给阿尔伯蒂委任了若干项建筑工程，其中一项便是于1446年完成的诺维拉圣母教堂（Santa Maria Novella Church）的外立面。这项工程在1365年修到第一扇拱门时曾一度中断。阿尔伯蒂还设计了位于佛罗伦萨的鲁切拉伊宫以及圣潘克拉齐奥教堂（San Pancrazio Church）里的圣塞波尔克罗教堂（Tempietto del Santo Sepolcro）。阿尔伯蒂还于1450年在里米尼设计了所谓的马拉泰斯提亚诺庙（Tempio Malatestiano），并在曼图亚（Mantua）设计了圣西伯提安诺教堂（San Sebastiano）。

　　阿尔伯蒂还是一位杰出的作家。在他看来，建筑师的作用是数学性的，即依照比例进行创造。建筑工程的具体调查工作由其学徒开展，负责解决现场的实际问题，建筑师本人则是建筑工程的发明者。除了于 1436 年在佛罗伦萨写作《绘画论》外，阿尔伯蒂还于 1452 年在罗马写作了《建筑论：阿尔伯蒂建筑十书》(*De Re Aedificatoria*)。这是一本关于建筑的专著，影响了许多文艺复兴时期的建筑。他在该书中用到的术语"和谐"，亦可被翻译为"恰当比例"，形容事物恰到好处，增一分太长，减一分太短，正是这一理念使得事物看起来莫名赏心悦目。

伯蒂的透视画法并加以简化。皮耶罗没有像阿尔伯蒂那样运用辅助性绘画方式，而是将实物图和其投射呈现在一幅画作中，如下图所示：

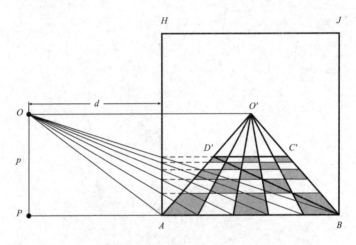

皮耶罗·德拉·弗朗切斯卡的透视法图（来源：FMC）

该方法无疑使得画家的工作更加容易，但从本质上讲与阿尔伯蒂的方法是一样的，那么相应地也应该与布鲁内莱斯基提出的理论一致。皮耶罗先是以透视法画了一个正方形 ABCD，其底边 AB 与画作的底边缘重合。他将点 O′ 称为眼睛，并使得与绘画平面垂直的正方形的边线交会至该点。他的下一步便是确保横轴线 C′D′ 与线 AB 在绘画平面上平行。方法是将前面图和侧面图相叠加，如此，线 AH 就代表着绘画本身的一条侧边。点 O 代表观赏者的眼睛实际所在位置，与绘画平面的 AH 边距

离为 d。他将点 O 和点 B 用一条直线连接，该直线与线 AH 的
交叉点便确定了横轴线 $C'D'$ 与线 AB 之间的距离。

　　皮耶罗还运用了一种再现各种平面图像的透视画法，也就
是将这些图像画在一个正方形内。他这样做的方法有所不同，
即距点法。该方法如下图所示：

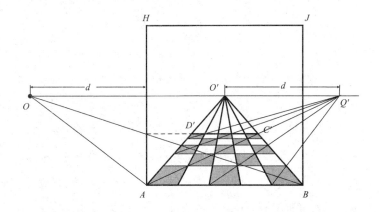

格子地板所有方格的对角线都汇集于一个"距点"，图中以 Q 表示（来源：FMC）

　　水平面上的所有平行线，无论其方向，在透视画中都交会于
水平面的某一点。如果这些平行线与绘画平面形成 45° 角，如上
图中显示的格子地板上格子内的对角线，它们交会的点与中心点
O' 的距离等同于观赏者与绘画平面的距离 d。点 Q 即被称为距点。
显然，水平线上有两个距点，各位于中心点的左右两边。

　　皮耶罗在其著作《绘画透视学》中描述了这一方法，如
下页图所示：

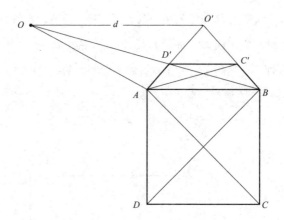

皮耶罗·德拉·弗朗切斯卡的"距点"方法（来源：FMC）

该方法的目的在于，在已知眼睛 O' 离线 AB 的高度和眼睛到绘画平面的距离 d 的情况下，用透视法再现正方形的 AB 边。为了达到这一目的，他从 O' 点出发，画了一条平行于 AB 边的直线，并将其延伸至 O 点，两点之间的距离为 d。然后再从 O 点画一条直线连接 B 点，这条直线与线段 AO' 相交于 D'。最终，他从 D' 点出发，画了一条平行于线 AB 的直线，该直线与线段 BO' 相交于 C。这样，$ABCD'$ 便是 $ABCD$ 的透视法再现。

丢勒与对角线方法

皮耶罗·德拉·弗朗切斯卡还介绍了一种方法，可以用来确定画框内任意已知点的透视位置，这就是著名的对角线方法。阿尔布雷希特·丢勒（Albrecht Dürer）在其著作《量度艺术教程》（*Instructions on Measurement*）中也用到了这一方法。让我们来看一下丢勒此书中的一段文字：

> 当你想要以透视法再现位于某平面上的一个正方形内的某一点时，应当按照如下步骤进行：首先画一个正方形 *ABCD*，并确保其 *AB* 边为水平上边线。以 *AB* 边为底边画一个透视正方形 *ABGF*。确定一个点 *O* 为观看画作的眼睛。在正方形 *ABCD* 内任选一点 *E*。然后画该正方形的一条对角线 *AC*，同时在透视正方形 *ABGF* 内也画一条同样的对角线 *BF*。接下来，从 *E* 点出发，画一条平行于正方形垂直边的直线，使其延伸至上边线 *AB*，两者的相交点定为 *H*。从 *H* 点画一条直线连接眼睛 *O*，该直线会穿过透视正方形并与水平边线 *FG* 相交，将此相交点定为 *M*。下一步，在正方形 *ABCD* 内从 *E* 点出发，画一条平行于 *AB* 边的直线，并与对角线 *AC* 相交于 *J* 点。然后再从 *J* 点出发，画一条平行于正方形垂直边的直线并与 *AB* 边相交于 *K* 点。在透视正方形内，从 *K* 点出发，画一条直线连接眼睛 *O*，该直线与对角线 *FB* 相交于 *L* 点。最后，从 *L* 点出发，画一条平行于 *AB* 边的水平线，并与线段 *HM* 相交于 *N* 点。*N* 点就是我们想要在透视正方形中找到的 *E* 点的透视点。整个过程如我所画的下页图所示：

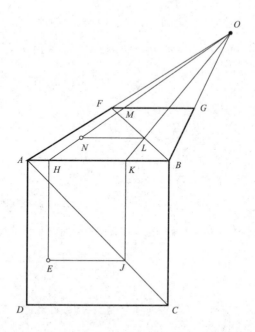

丢勒的对角线方法，用以表示透视中的某点（来源：FMC）

丢勒的透视法工具

在《量度艺术教程》的两个版本中，丢勒介绍了一些机械工具来辅助透视画法。1525 年的第一版在版画《肖像画家》和《鲁特琴绘图员》中表现了两种工具。丢勒去世后才出版的 1538 年版本又在《大水罐绘图员》和《裸体女士》中额外介绍了两种工具。尽管其中一些工具已被一些艺术家广为熟知，如布拉芒特（Bramante）和阿尔伯蒂本人，但有一个工具可能是丢勒发明的。他书中的《鲁特琴绘图员》提到了该工具使用的细节。

该工具运作如下：首先在一张桌子的平面上放置一个框架，这个框架与阿尔伯蒂的窗户扮演的角色类似。框架上安装一个活动遮板，可以被推拉至另一边。绘图员坐在开放的窗户（即框架）前，其身后的墙上固定着一个环状物，这起到了跟皮耶罗所描述的眼睛相类似的作用。环内穿过一根线，线的底端绑定了一个重物。线的另一端连接着一根长钉或一个类似的指针，由一个助理握住。线穿过了窗户，重物的重量使得线在指针和环状物之间绷紧。助理针对画作的内容，也就是鲁特琴，指着线末端的不同点，并始终遵循绘图员的指令。框架上还缠着另外两条线，一条固定于框架上边框的中心点，另一条固定于其中一条侧边框的中心点。绘图员将这些线在穿过框架的地方缠绕在一起，并将其用石蜡固定在框架的对侧。取掉挂有重物的线后，绘图员关上遮板（覆盖以纸张或其他媒介），并在两条固定的线交叉的地方做一个标记。整个过程于是产生所画之物外形的虚线轮廓，将虚线（以正确的顺序）连接起来，便会产生一幅透视画。

上述方法无疑显得笨拙烦琐，且过分依赖丢勒的工具，却迎合了一个根本性的需求。它使艺术家得以在绘画平面也就是窗户框架和活动遮板上再现视觉锥体不同线条的交集。该方法的视点并没有位于绘图员的眼睛处，而是位于其身后环状物所放置的地方。

版画《鲁特琴绘图员》阐释了丢勒的透视法工具之一

丢勒：不朽传奇

阿尔布雷希特·丢勒(1471—1528)，德国雕刻家、画家和作家，以及德国最具代表性的文艺复兴人物。他出生于纽伦堡，有17个兄弟姐妹，但算上他只有三人活到了成年。他的父亲是一名匈牙利裔的金匠，是他的启蒙老师。丢勒14岁那年成为画家和雕刻师迈克尔·瓦尔盖默特

（Michael Wolgemut）画室的一名学徒，并在此工作了 4 年。丢勒素来有四处游玩的癖好，不停游历于欧洲中部以寻找工作并开展学习。1494 年，他回到了纽伦堡，组建了家庭，并开办了自己的画室。随后他游历意大利，在此接触到了正兴盛起来的新式风格。尽管他曾接受过的艺术教育是后哥特式的和佛兰德斯式的，但他在该国的经历使其得以汲取意大利文艺复兴艺术的精髓。他对几何学和数学的兴趣或许也正是在这一时期萌发的。

回到纽伦堡后，丢勒开始系统地学习数学，并得到了城里的人文主义者圈内人士，尤其是威利巴尔德·皮尔克海默（Willibald Pirckheimer）的指导。他于 1505—1507 年回到意大利，这一次与其说是为了研习，不如说是为了树立其作为艺术家的名声。回到家乡后，他创作了多幅画，其中一幅《万名基督徒的殉教》（*The Martyrdom of the Ten Thousand*）运用了他在威尼斯学到的色彩法。1512 年，他被马克西米利安一世（Maximilian I）和查理五世（Charles V）任命为宫廷艺术家，并被授予终身俸禄。丢勒晚年致力于写作其理论书稿《人体比例研究》（*Treatise on Proportion*），于 1525 年分成 4 册出版。他卒于 1528 年 4 月 6 日。他的朋友皮尔克海默为其写了如下墓志铭："追念阿尔布雷希特·丢勒，这块石碑下埋葬的是他的所有不朽。"

以下是展示丢勒透视工具的另外两幅版画：

《裸体女士》

《大水罐绘图员》

以上两幅版画都出现在阿尔布雷希特·丢勒 1538 年出版的《量度艺术教程》中

育婴堂与积木式结构

菲利波·布鲁内莱斯基被认为是积木式结构的发明者。这种建筑手法基于预制件的重叠组装。育婴堂外立面的设计是由当时佛罗伦萨最具影响力的行会之一——丝绸行会委托的，该行会是这个孤儿院的赞助者。布鲁内莱斯基出于节约成本的考虑进行了规划设计。他选择了低成本材料，例如用灰色塞茵那石打造建筑物的立柱和凹槽，用白色石膏使得整体单元呈现出双色平衡感，这也成为后续的佛罗伦萨文艺复兴建筑的标志性特点，而这一切都源于布鲁内莱斯基当初的设计决定。较低的预算也使得他不得不雇用一支经验不足的施工队，并因此尽可能地简化现场测量工作。每个立柱之间的距离以 10 个佛罗伦萨布拉乔来衡量，相当于一个 m，这是每一个预制件的基本测量单位。每一个预制件均可被看成是一个边长为 m 的立方体，立方体上方覆盖着一个半球，其直径为 m，半球横截面刚好是立方体上立面。如此，立柱拱梁的宽度为 m，高度为 $\frac{m}{2}$，其优雅的肋架拱顶的离地高度则为 $m\left(1+\frac{\sqrt{2}}{2}\right)$。

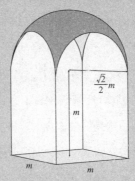

马萨乔的文艺复兴革命

马萨乔追随了乔托的艺术手法，并运用了布鲁内莱斯基的空间架构方法，成为首位成功赋予其绘画作品生命和内涵的画家。他画笔下的人物栩栩如生，与古典时代和雕塑的复兴有所关联，而多纳泰罗正是当时这一潮流的领军人物。马萨乔画中的场景，用阿尔伯蒂的话说，叫史诗画卷，与日常生活紧密联系，使一切神圣之物更贴近当时佛罗伦萨人的日常起居。

卡皮拉·布兰卡契小堂（Capilla Brancacci）内的湿壁画便清楚地展现了这一变革进程。壁画最初由马索利诺·达·帕尼卡莱（Masolino da Panicale）创作，最终由菲利波·利比完成。在连绵的墙壁上，我们可以看出从马索利诺的中世纪晚期风格向马萨乔的文艺复兴革命的转变，以及随后在菲利波·利比手中的定型。在此背景下，马萨乔构思了《圣三位一体》（The Holy Trinity）这幅画作，不过并不清楚当时是谁委托他创作的这幅画。这是一幅宏大的湿壁画作品，位于佛罗伦萨诺维拉圣母教堂左侧的墙壁上，完成时间为1426—1428年。

这幅作品有可能是马萨乔的遗作，因为他于1428年夏在一次去罗马的旅行中英年早逝，年仅27岁，其职业生涯也只绽放了六年。在《圣三位一体》这幅作品中，可以最清楚地体会到布鲁内莱斯基透视画法教导的影响。画面的场景被框定在一个恢宏的礼拜堂内，其绘画手法使得画作观赏者仿佛身临其境一般。

马萨乔的《圣三位一体》，1426—1428 年

这一虚拟礼拜堂沿用了布鲁内莱斯基的建筑风格，尽管马萨乔将建筑师所使用的灰色塞茵那石改为十分抢眼的粉红色，用以描绘拱梁。由两根爱奥尼克立柱所支撑的拱梁又被置于两根科林斯壁柱围成的框架内，壁柱的柱头也是粉红色。整个礼拜堂上方覆盖了一层镶嵌着方形镶板（下沉式镶板）的筒形拱顶。

整个透视建筑的消失点出乎意料的低。在此提醒一下，整个透视建筑必须位于拜访教堂的壁画观赏者的视线水平高度上，否则看起来就会有所失真。同样以透视法再现并因此尺寸有所缩小的是圣母和圣约翰的人像。二人并行分别站在两侧的立柱和壁柱旁，立柱和壁柱将画中钉在十字架上的耶稣基督框在了整幅画的中心。

在画作的上半部分，对称中轴线以及十字架的中轴线得以凸显。这就是我们能发现消失点的地方。在画作的背景部分，上帝用双臂支撑着十字架的两端，同样也位于中轴线中心。圣灵也是如此，其悬浮在耶稣基督和上帝之间，化身为其一贯的鸽子形象。在中轴线的两端，另有四个人物两两对称地站于两旁。第一对人物便是上面提及的圣母和圣约翰；第二对位于画作的两个边缘，分别为一个跪着的男人和一个女人，这两人或许是委托此项画作的捐助人。

此外，画作中还充满了等边三角形这一用以表明圣三位一体的数学手段。为了不至于太过关注画作的这些几何层面，我们在此仅指出其中一些等边三角形。例如，其中一个等边三角形连接了最底端的两个捐助人和上帝的头像；另一个则由被钉在十字架上的耶稣基督的双手指甲和双足趾甲构成；还有一个则连接了圣母、耶稣基督和圣约翰的眼睛。

我们在此强调，更重要的一点是画作从左至右红色与蓝色的交替运用，这打破了整幅画占主导地位的轴向对称，形成了一种动感，并加强了纵深效果。这一切都由透视建筑绘画的技巧巧妙构建出来。

如此，画作底端左侧这名捐助人那抢眼的红色袍子在视觉上就与右侧的圣约翰那颜色稍柔和一些的红袍联系了起来，然后又与左上方上帝的粉红上衣相联系，并最终与右上方的某块红色镶板连接，而红色镶板又与蓝色镶板交错构成了拱顶上的方格样式。以上这种联系便创造出一种沿对称轴逐渐

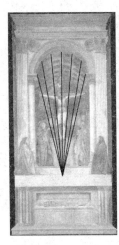  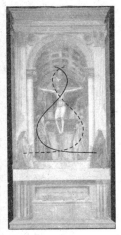

极低的消失点图　　画中等边三角形的一些例子　画中红蓝色的交替

上升的灵动性。同样，蓝色也在对侧一方沿袭同样的路径与红色交替对称出现，先是从底端右侧捐助人的长袍开始，经过圣母的衣袍，到达上帝另一侧肩膀的披肩，并最终止于拱顶上的某块蓝色镶板。蓝色上升的路径与红色的路径刚好沿中轴线对称。

于是，画作的轴向对称就被这种颜色沿中轴线交替向上升的数学"流动"打破了。

这种效应也打破了画作下半部分的对称性。画作下半部分由同样以透视法再现的圣坛镶板隔开，呈现了一具骷髅和一行意大利语铭文，铭文大意为："昨日之我，今日之你；今日之我，明日之你。"

十字架下的这具骷髅和土堆象征《圣经》的传统。根据该传统，耶稣基督的十字架由亚伯墓前长出的一棵树的树干制作而成，从而为其提供遮阴之所。

我们已提到了画作中的第一重对称轴，这赋予画作以形式和力量。另外一重与之垂直的对称轴体现为画中捐助人跪着的水平线，亦即与整幅画交叉的圣坛平面。第三重对称轴与这两重对称轴都互相垂直，毋庸置疑，这便是观赏者的视线，其眼睛刚好位于透视消失点的高度。

画作中的三幅场景在与第三重对称轴相垂直的平面上被赋予了纵深的形式。距离观赏者最近的是在拱梁以外跪着的捐助人。稍往内一点，是三位《圣经》中的人物，即圣约翰、圣母马利亚和耶稣基督，他们所处的位置也比前面两位人物稍高一个台阶。再往内一点，靠近对称轴且更高并消失于背景中的位置，是鸽子和上帝，上帝用双臂支撑着十字架，站立于一个红色平台上。

如果我们能够穿越若干个世纪，从马萨乔所生活的 15 世纪穿梭至笛卡儿所生活的 17 世纪，并对该轴进行笛卡儿式的解读，将该深度轴命名为 y，那么上述每一个平面都将有与之相对应的形式，即 $y=k_j$，其中 $j=1, 2, 3$。如此，捐助人的平面公式则为 $y=k_1$，十字架的平面公式为 $y=k_2$，上帝的平面公式为 $y=k_3$。

现在，我们来假定每个不同时代也对应着不同的公式，那么我们可以将 k_1 对应 1428 年（参见下页左图），即马萨乔完成这幅作品的年份，也就是赞助画作的捐助人所生活的年代；将 k_2 对应公元 33 年，即《圣经》中叙述的耶稣基督被钉在十字架上的年份（下页中图）。为了分析 k_3 对应的具体年份，即上帝的平面所处的年份，最好的方式是采用一个无穷大的未定数值，即 $+\infty$（下页右图）。

不过，上述的时间平面不会就此结束。同样还存在着第四个平面，其公式为 $y=k_0$，该平面乍看之下可能不易被察觉。正如其公式所界定的那样，该平面平行于前述几个平面以及绘画平面，并因而垂直于时间轴。这就是我们作为画作观赏者徜徉于佛罗伦萨诺维拉圣母教堂并凝视《圣三位一体》时所处的平面，该平面比前面几个平面还要靠外。我们所处的这一平面低于画上人物，这也对应着我们的级别：我们双脚站在地面上，既不高贵亦非神圣。依照上述方式，我们这一平面的公式将会是 $y=$ 今时今日。

但是，当我们通过本书的页卷来虚拟地观赏马萨乔的《圣三位一体》时，我们在某种程度上是处于一个虚拟平面的。从比喻意义上讲，该平面与绘画平面是对称的，不同于圣灵所占据的平面，且处于对称轴相反的方向。比如说，作为本书的阅读者，我们位于一个无穷大的未定地点，即 $-\infty$。马萨乔天才性地预见到了我们并俘获了我们。他已将我们容纳进了其画作中，不仅仅作为旁观者，而且作为凝视画作场景的全新人物角色。我们双脚站在地面上，与这幅画作的几何尺度融为一体。

马萨乔的《圣三位一体》中所表示的空间横截面，这些平面平行于绘画平面，垂直于时间轴。左图：年份平面，1428 年；中图：年份平面，公元 33 年；右图：无限年份平面

马萨乔：慑人的力量与透视法

托马索·迪乔瓦尼（1401—1428 年），又被称作马萨乔，是 15 世纪初期意大利的一名画家。他英年早逝，却在绘画史上占据着至关重要的地位。他被认为是将布鲁内莱斯基提出的科学透视法法则运用于绘画的先驱。他出生于阿雷佐（Arezzo）的一个行政区，5 岁时成为孤儿。在接受了早期教育并在其家乡以画家身份工作了一段时间以后，搬到了佛罗伦萨，并在那里与多纳泰罗和布鲁内莱斯基建立了友谊，也和城里人文主义运动的代表性人物成了朋友。

马萨乔创作的第一幅作品是《圣焦韦纳莱礼拜堂祭坛三联画》，画于 1422 年 4 月 23 日。不久他开始与马索利诺合

作，共同创作卡尔米内圣母教堂（Santa Maria del Carmine Church）内的卡皮拉·布兰卡契小堂的湿壁画。1426—1428年，他绘制了诺维拉圣母教堂内的湿壁画《圣三位一体》。他于1428年受红衣主教巴尔达萨雷·卡斯蒂利奥内（Brando da Castiglione）之邀搬去了罗马，为圣克莱门特教堂（Capilla de San Clemente）进行装饰。此举中断了其在卡皮拉·布兰卡契小堂的绘画工作，该工作于60年后又由菲利波·利比重新操持。马萨乔在罗马创作了圣母马利亚联画，画中可以看到圣杰罗姆（St. Jerome）与施洗者约翰（John the Baptist）正在交谈。这幅画作目前藏于伦敦的英国国家美术馆。马萨乔于1428年秋在罗马逝世。

马萨乔因对科学透视法的运用而著称，该方法旨在为空间概念贯之以全新意义。这一点与其画中人物的表现力和光线的特定运用一道，构成了文艺复兴时期新式绘画语言的重要元素。

透视画法的传播

数学透视画法一被提出，就迅速在画家之间传播开来。阿尔伯蒂的著作《绘画论》中整理的方法理念马上就传遍了整个意大利。哪怕是已经享有盛名的画家，在转变自己的风格以适应该新颖绘画方式方面也毫不犹豫，纷纷开始学习运用人工远近（画）法必备的数学技巧。

在这层意味上，有必要比较一下弗拉·安杰利科（Fra

Angelico，1390—1455）的两幅画作，从而可以展示出这种变化的趋势。其中一幅创作于新式风格出现之前，另一幅创作于他领悟了透视画法后不久。

第一幅画是安杰利科于 1436—1437 年创作的《科尔托纳三联画》（*Cortona Triptych*）。尽管我们可以从画中看出一丝透视法的痕迹，但这幅画仍旧属于哥特式风格。金色背景、大体扁平的图像以及人物的庄严肃穆，无不体现了这种旧式风格。三维空间仅仅体现在地面两侧分别站着的两对圣人，以及中央区的某种顶篷建筑和圣母所坐的圣坛。但以上仍旧是焦点透视法，实际上，画作上半部分和中央区底座的消失点并不重合。在这

弗拉·安杰利科创作的《科尔托纳三联画》，现藏于意大利科尔托纳教区博物馆

个看似三维的空间内，并没有足够的空间清晰度，且画中人物并没有从扁平均一的金色平面中凸显出来。很显然，此时的安杰利科尚未受到源于阿尔伯蒂著作的新式艺术手法的影响。

若干年后，到了 1450 年，弗拉·安杰利科可能是受洛伦佐·德·美第奇（Lorenzo de Medici）的委托，在佛罗伦萨的穆杰洛绘制了博斯科·埃·法拉帝祭坛画。画作的内容是同样的圣会图，但风格却迥然不同。一眼看去我们就能察觉出该画运用了阿尔伯蒂的数学透视法。整个场景是有纵深感的，画中人物在画作所限定的空间内互相交谈。背景也并不扁平，而是有着浮雕、阴影和充盈感。整幅画的布局也有所改变，不再是空间相互隔开，而是形成了一个和谐、交际性的整体。这种现实主义将观赏者也容纳进了场景中，并拉近了画中人物与观赏者的距离，使其不再那么遥不可及、高高在上。

阿尔伯蒂著作的成功是全方位的，仅仅若干年后，绘画的理念就发生了天翻地覆的改变。新绘画理念的数学基础背景使画家必须得学习几何学，这也重新界定了画家这一职业。画家不再只是一名工匠、一名纯粹的工人，而是上升到了人文主义者的范畴。意大利文艺复兴时期的宫廷要求城里有画家和科学家，这不仅是因为需要他们为其在这些领域服务，而且需要他们以知识分子的身份参与宫廷集会，甚至对王公贵族们进行政治事务的指导。从那一时期起，艺术家就不再只是会绘画的工匠，而是成为有文化素养的人，博览群书，能就哲学发表见解，熟知欧几里得的思想，并且通过艺术对其周围的世界进行思考，并表达其观点与卓识。

博斯科·埃·法拉帝的圣方济各修道院祭坛画，由弗拉·安杰利科于 1450 年左右在意大利穆杰洛绘制

时间轴

　　在本章中，我们回顾了历史上一系列将数学和艺术结合起来的人物，每位人物都生活于某一短暂时期，如下图所示：

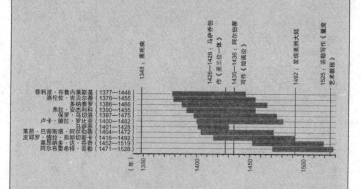

　　本章最开始讲述的故事大致发生于 1416 年，当时布鲁内莱斯基 39 岁，吉贝尔蒂 38 岁，多纳泰罗 30 岁，而年轻的马萨乔仅 15 岁，当时只有 12 岁的阿尔伯蒂仍然和其家人一起过着被放逐在佛罗伦萨之外的生活。

第二章

艺术数学家和数学艺术家

"算盘"学校

西方的大学始建于 12 世纪，当时还只是文化精英的特权。随后，为了满足当时日益职业化的工匠们的需求，以及满足中世纪末期开始兴盛起来的其他受雇于各个行业的人们的需求，出现所谓的"算盘"学校。这些学校在某种程度上可以被视为最早的商业专科培训学校，未来的交易人、商人和工匠在此学习其各自职业的基础知识。

中世纪末期，对知识的热衷和对教育的兴趣应运而生，在欧洲重新掀起了学习古希腊经典的热潮。在那个时代，数学家们力求革新数学科学，他们将自身肩负的重任称为数学的"复兴"，也称为"修复""恢复""重建"。或许他们真正想要寻求的，就是数学的"重生"或文艺复兴，这也标志着更伟大的科学重生之伊始，而这也将随后在 15 世纪下半叶达到巅峰。该时期将会成为中世纪数学和全新数学概念的过渡阶段，前者水平稍低，但从古希腊和阿拉伯学者那里汲取了养分，后者则是在 17 世纪早期随着伽利略的出现而出现，也就是我们现在所谓的现代数学科学。

奇怪的是，这一如此深受古希腊典籍浸润的科学重生，却是通过由托莱多翻译学派（Toledo School of Translators）翻译的阿拉伯数学书籍传播至欧洲，以及通过所谓的意大利海上共和国与北非伊斯兰世界的贸易活动，经海路传播至欧洲。

作为十字军东征的一个意想不到的结果，在诸如威尼斯、阿马尔菲、比萨、热那亚这样的城市出现的强大商船队，通过在北非与中东和位于另一端的北欧之间建立贸易联系而改变了整个意大利。意大利商人成了中间商，一边与供应珍贵商品如丝绸、香料和宝石的阿拉伯商人做交易，一边与提供羊毛和梭织面料/纺织品的欧洲商人打交道。意大利商业的这一变革进程也随之衍生出新型金融工具，包括期票和银行的首次创立。个体商人演变为大型分销和贸易企业，他们需要有知识文化、能迅速进行数学计算的雇员。

1348—1350年，大瘟疫重创欧洲大陆。整个15世纪，欧洲都力图从中恢复过来。这种流行性疾病迅速在整个社会蔓延，对整个欧洲人口是一场浩劫，很多人没能存活下来。根据乔万尼·薄伽丘在其著作《十日谈》中的记录，在佛罗伦萨这样的城市，有超过十万人口死去。然而，大瘟疫也带来了意想不到的积极影响，这是其矛盾的一面。幸存下来的人们见证了其生活条件的改善，从仅能勉强维持生计走向了小康，薪酬上涨，食品价格下降，这是1348年前从未有过的新局面。

欧洲历史的演变受15世纪发生的三个重要事件的影响，

并对整个西方文化产生了举足轻重的影响。这三大事件依照时间先后顺序分别是：1447 年左右铅活字印刷术的发明，1453年君士坦丁堡的陷落，以及 1492 年克里斯托弗·哥伦布发现美洲大陆。

在 15 世纪，艺术家和数学家也产生了思想的交集，表现为他们有了共同关注的问题和用以解决这些问题的思维风格，这也是文艺复兴的最主要特点之一。像皮耶罗·德拉·弗朗切斯卡和阿尔布雷希特·丢勒这样的艺术家在其艺术作品和文献中都展现了对数学一丝不苟的态度，这也促使他们都出版了在该领域的专著。

谷登堡铅活字印刷术的发明彻底改变了知识的传播方式。1447 年出现了第一本印刷书籍，到 15 世纪末，总共已有 6000多本印刷书籍。这些 15 世纪的书籍被笼统称为"印刷初期珍本"，但少有关于科学或数学的书籍。在为数不多的数学书籍中，绝大部分都是由阿拉伯著作翻译成拉丁文的，这是因为阿拉伯的算术和代数著作对于新经济体下的工匠们更实用，且在理论层面上比古典希腊著作更容易。这些为数不多的数学著作与书籍誊写员创造的手抄本同时存在了很多年，形成了一种文化大熔炉，对于激发西方数学的新发展再完美不过。到了 16世纪早期，对古典时期数学著作的翻译兴趣才有所增长，其中许多这类著作也得以印刷出版。

人文主义的发展和对古希腊科学与艺术日益增长的兴趣逐渐使人们的关注焦点从阿拉伯数学转移至古希腊数学。无论是

数学与印刷字体

　　随着铅活字印刷术的发明，设计新型字体成为一种必要。其中一些字体优雅、美观，因此一直被保存至今，例如克劳德·加洛蒙（Claude Garamond，1490—1561）设计的字体。

　　要设计出美观的字体，需要有美学、比例学和几何学的知识。因此不足为奇的是，艺术家和数学家们都迎接了设计数学字体的挑战。以下便是 15—16 世纪数学上字母"M"被设计的两个例子。其中一个例子由数学家卢卡·帕乔利（Luca Pacioli）设计，另一个例子由画家阿尔布雷希特·丢勒设计。

卢卡·帕乔利于 1509 年设计的字母"M"

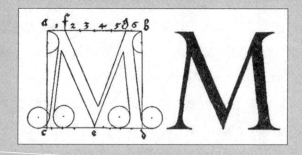

阿尔布雷希特·丢勒创造于 1525 年的字母"M"

哪种情况，中世纪的科学理念和人文主义科学理念都共存了相当长的一个时期。16 世纪期间，代数在意大利的兴起无疑是这种共存的产物。

"算盘"学校于 13 世纪在意大利北部出现，并一直持续至16 世纪。这类学校名称的由来或许是斐波那契（Fibonacci）写的《算盘书》（*Liber Abaci*），这是针对此类学校撰写的第一部教材。学校的名称或许会使我们认为此类学校主要是教授算盘计算工具的使用，然而，事实却与之全然不符。实际上，这种学校教授数学运算时根本不使用算盘，学校教授的是印度-阿拉伯式算术，以阿拉伯算法的形式展开，并且与今天类似的是，是用纸笔进行计算的。学校还教授如何将数学运算知识应用到商业贸易方面。相应地，在这样的背景下，"算盘"这个词语被理解为"计算"或"运算"的近义词。斐波那契著作的标题直译为《算盘书》，实际上应当理解为"数学运算书"。

《算盘书》催生了大量以本土语言写作的有关算术的纲要和手册。这些出现于 14 世纪一直持续至 16 世纪的著作被称作"算盘著作"，旨在为经营算盘学校的大师们提供指导。这些书是实用型的，以问题类别成书，运用了重复性方法，聚焦于问题的解决，而不在于总体理论的教授。这些书籍以托斯卡纳语言写成，使大众阅读起来更容易。在 14—16 世纪写成的大约 300 部著作都得以保留下来，既有手抄本，也有印刷本。其中一些书籍由于其规模和内容的丰富性，本身就可被视为囊括了算盘数学的梗概。

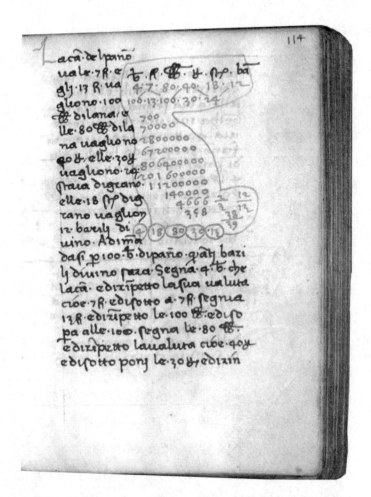

贝内代托·达·菲伦泽（Benedetto da Firenze）写作的《算术绘画论》（*Trattato d'Arismetricha*，约 1460 年）是最著名的"算盘"学校教材之一

尽管"算盘"学校的根本任务是训练各行各业的雇员，入学人员也包括工匠、建筑师、画家、制图员和通常需要接受基础数学训练的人。儿童8岁入学，他们会花一段时间学习阅读与写作。大约两年后，他们会转学到"算盘"学校学习两年。这类学校有时也被称作"算盘作坊"，这种称谓突出了其类似于工匠作坊的结构性特点和学习者的学徒式身份。学生在某种意义上是作坊的学徒，而教授的"大师"称号也与提供行业在岗培训的工匠相同。学生们在完成学业后，会相应地在商业公司或作坊里接受学徒式训练。

通过对这些著作的仔细分析，我们可以推断出，一名优秀的"算盘"学校老师必须知识面广博，不仅要掌握实用型商业运算算法，还得有对理论算法、数论、实践和理论几何学和代数学的领悟力。

"算盘"学校提供的课程可以被划分为三个层次。最基础层次教授的是以下技能：运用印度-阿拉伯算术进行的数字读写，用手指进行计算的能力，展开数学运算的算法，运用分数、叉乘积、货币、重量和测量体系展开的运算，以及一些实践几何学。以上是工匠所学课程的层面。第二层次教授商业算术、会计和簿记学，这些是大型商业公司文员和其他员工获取必备行业资格的课程。第三层次的课程仅针对业余数学家和希望有朝一日能够成为算盘学校导师的人开设，这些课程包括方程式解决和数论，以及更难的商业算术。

算盘著作的最后一本书是弗拉·卢卡·帕乔利的《算术、几

卢卡·帕乔利和《算术、几何、比及比例概要》

方济各会修士卢卡·帕乔利是意大利文艺复兴时期最有意思的人物之一，是该时期最负盛名的数学家。他于 1445 年出生于圣塞波尔克罗，这也是皮耶罗的家乡。皮耶罗在某种意义上，也就是在数学方面，甚至可能是帕乔利的老师。帕乔利是莱昂纳多·达·芬奇的朋友，两人还当了多年的舍友。帕乔利还与莱昂·巴蒂斯塔·阿尔伯蒂有交情，阿尔伯蒂曾在罗马招待过帕乔利和达·芬奇两人。

卢卡·帕乔利的《算术、几何、比及比例概要》的扉页

帕乔利最重要的著作《算术、几何、比及比例概要》成书于 1494 年，在其直接监督下于威尼斯印刷出版。此书是为乌尔比诺公爵吉多贝多·达·蒙泰费尔特罗（Guidobaldo da Montefeltro）而作，全书以意大利语写成。该书是一部 600 多页的百科全书式的著作，综述了几个世纪以来的一切几何知识。该书成了 16 世纪代数学家的必备读物，用以探索新的发现。所有这些代数学家都在其论著中引用了帕乔利的著作，其中包括吉罗拉莫·卡尔达诺（Gerolamo Cardano，1501—1576）。在其《算术》（*Arithmetica*）一书中，他就引用了帕乔利书中的内容，并对其推崇备至，尽管《算术》中花了一个章节来纠正帕乔利著作中的许多错误。拉法耶尔·蓬贝利（Rafael Bombelli，1526—1572）在其《代数学》（*Algebra*）一书的引言中甚至大胆指出帕乔利是继斐波那契之后"点亮这门科学的第一人"。一般认为帕乔利于 1517 年在其家乡去世。

帕乔利的《算术、几何、比及比例概要》中有关皮耶罗·德拉·弗朗切斯卡的一段话，该书出版于 1494 年

何、比及比例概要》(*Summa de Arithmetica Geometria Proportioni et Proportionalità*)，其首印版于 1494 年出现在威尼斯。

帕乔利对《绘画透视学》一书的赞赏在其书《算术、几何、比及比例概要》的一段话中溢于言表：

（依然生活在我们这个时代的）伟大绘画大师皮耶罗·德拉·弗朗切斯卡，与我是圣塞波尔克罗的老乡，他最近编撰了一本有关透视法的不可多得的论著。他在书中以一种博学的姿态论述绘画，且不时在文字中配以具体操作的方式和图表。我早已拜读过他这本用本地语言所写成的著作，且颇有领悟。这本著作随后由大名鼎鼎的希腊语和拉丁语演讲术、诗歌及修辞学大师马提欧（Matteo）用精湛的词汇非常雅致地逐字翻译成拉丁文。马提欧是皮耶罗的亲密伙伴，也是我的同乡。

如帕乔利在上述这段话中所写，皮耶罗·德拉·弗朗切斯卡的《绘画透视学》由其朋友马提欧大师翻译成了拉丁文。

皮耶罗·德拉·弗朗切斯卡的数学著作

皮耶罗·德拉·弗朗切斯卡不仅是一名伟大画家，还撰写过若干本数学著作，例如上文提到过的《绘画透视学》、《算盘的论著》（*Trattato d'Abaco*）和名为《五个正规立体的短书》（*Libellus de Quinque Corporibus Regularibus*）的几何学著作。

根据皮耶罗在《算盘的论著》引言中的说明，该书并非出于供"算盘"学校使用而写作，而是应其朋友之请求写成，他朋友或许也是像他一样的工匠。该书结构类似于其他算盘著作，但有一大重要变化，那就是几何学所占比重远超同类书，全书 127 页中，有 48 页都是介绍几何学的。在当时整体充斥着算术书的环境中，《算盘的论著》这本书可谓是独树一帜。举个例子，我们来看一下该书是如何介绍叉乘积的：

7 卷布料要花 9 里拉，那么 5 卷布料要花多少钱呢？

里拉是当时的一种硬币，其名称源于旧时 1 里拉（那时里拉还是表示重量的单位）银币的价值。1 个佛罗伦萨里拉单位为 20 索尔多，1 个索尔多为 12 迪纳里。这种货币体系类似于十进制出现前的英镑货币体系（1971 年前），当时 1 英镑为 20 先令，1 先令为 12 便士。前面这个问题的答案如下：

以如下步骤解答：首先需要知道 5 卷价钱的布料数量乘以 7 卷布料的价钱，即 9 里拉，也就是 5 乘以 9 等于 45；再将该数值除以 7，其结果是 6 里拉，余 3 里拉；将该余数转换为索尔多，则共有 60 索尔多，再除以 7，则有 8 索尔多，余 4 索尔多；再将该余数转换为迪纳里，则共有 48 迪纳里，再除以 7，则有 $6\frac{6}{7}$ 个迪纳里。这样一来，依

皮耶罗·德拉·弗朗切斯卡的《五个正规立体的短书》内页

照上述算法，5 卷布料的价钱就为 6 里拉、8 索尔多和 $6\frac{6}{7}$ 迪纳里。

《五个正规立体的短书》还收录了其他算盘专著中常见的诸多几何问题，但在很多情况下，其解决方式更加先进，也更加完善。该书分四部分：第一部分是引言，关注的是平面多边形；第二和第三部分关注的是五大柏拉图式正多面体，即正四面体、立方体、正八面体、正十二面体和正二十面体，并且还讨论了将其中一些正多面体放置于其他正多面体内部的情况；第四部分及结论部分讨论了其他正多面体，包括 13 个所谓的阿基米德式或半规则正多面体中的 6 个。总体来说，该书涉及 140 个问题，其中 59 个与规则正多面体有关。尽管本书以问题归类进行篇章组织，却极具创新性，且篇章结构合理。该书还重新探讨了古典希腊几何学的主题之一，即规则正多面体，这在欧几里得的《几何原本》（*Elements*）以及阿基米德的《论球体和圆柱体》（*Spheres and Cylinders*）与《论锥体和球体》（*Conoids and Spheroids*）中均有所提及。

《五个正规立体的短书》一书提出的问题类似如下：

假设有一个球体，其直径为 7。现在我要在该球体内部放置一个正四面体，并且使每一个顶点都刚好触及球体的表面。那么，该正四面体的边长应为多少？

书中给出的答案为 π 的近似值，即 22/7。这部论著仅留下一份善本，现存于梵蒂冈图书馆。然而，该书也是皮耶罗唯一一部印刷于文艺复兴时期的专著。事实上，这本书是作为卢卡·帕乔利的《神圣比例》（*De Divina Proportione*）一书的附录而出现的，且被翻译为意大利语。《神圣比例》于 1509 年在威尼斯出版，促进了对三维几何体的数学研究。

对于艺术家而言，学习数学不再只是纯粹出于其实用性，而是一种获取更高级知识的途径。

小礼拜堂角落拱顶的体积

皮耶罗在《五个正规立体的短书》中提到了一个有趣的问题，就是确定当两个等长直径的圆柱体互相垂直相交时，其共同体积的大小。

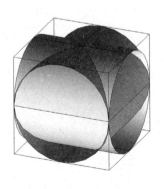

两个等长直径的圆柱体相交（来源：FMC）

皮耶罗试图确定如下形状的体积：

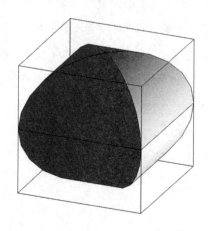

小礼拜堂的双角落拱顶（来源：FMC）

皮耶罗认为该形状的体积等于（2/3）× d^3，其中 d 是圆柱体的直径。该时期出版的数学类书籍与之前的书相比更加进步的一点在于，会进而论证该方程式结果的合理性，而不是就此打住。皮耶罗也是认识到了这一必要性，他通过如下两个形状论证：

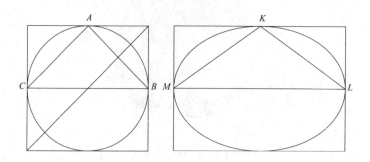

　　第一个图形是内含一个圆形的正方形，且圆形内还含有三角形 *ABC*，圆形的直径是 *BC*。第二个图形是矩形，其短边等于正方形的边长，长边等于正方形的对角线长。矩形内有一个椭圆形，椭圆形内还有一个三角形 *KLM*，其中 *LM* 为椭圆形的最长轴线。皮耶罗建立了如下比例等式：

$$\frac{正方形面积}{矩形面积} = \frac{圆形面积}{椭圆形面积} = \frac{三角形\ ABC\ 面积}{三角形\ KLM\ 面积}$$

皮耶罗随后提出如下三维图形：

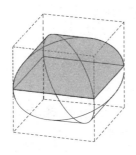 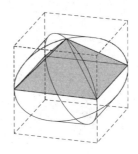

小礼拜堂的双角落拱顶和内部锥体（来源：FMC）

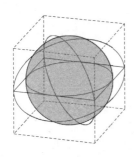 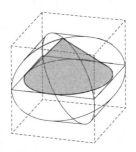

小礼拜堂的双角落拱顶的内部球体，球体内有一个圆锥体（来源：FMC）

与上述二维形状类似，皮耶罗并未进一步解释，而是直接论述：

$$\frac{双角落拱顶体积}{锥体体积} = \frac{球体体积}{圆锥体体积}$$

然后他进一步阐明，并得出双角落拱顶的体积 V 为：

$$V = \frac{球体体积}{圆锥体体积} \times 锥体体积$$

如此得出如下公式：

$$V = \frac{\frac{4}{3}\pi r^3}{\frac{1}{3}\pi r^2 \times r} \times 锥体体积 = 4 \times 锥体体积$$

也就是：

$$V = 4 \times \frac{1}{3}(2r)^2 \times r = \frac{16}{3}r^3$$

并且由于

$$r = \frac{d}{2}$$

则

$$V = \frac{16}{3}\left(\frac{d}{2}\right)^3 = \frac{2}{3}d^3$$

皮耶罗对此问题的解答是正确的，可以通过以下的积分计算证明：

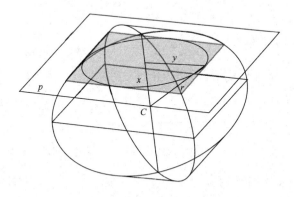

运用积分计算双角落拱顶的体积（来源：FMC）

如果我们用平行于该形状中纬线的平面 p 横切整个形状，并且将该平面与该形状中心的距离定为 x，则我们可以运用毕达哥拉斯定理来规定：

$$y = \sqrt{r^2 - x^2}$$

因此，边长为 $2y$ 的阴影部分正方形的面积，即平面 p 与该形状横截面的面积为：

$$A(x) = 4(r^2 - x^2)$$

如此，该形状的体积则为：

$$V = 2\int_0^r 4(r^2 - x^2)\, dx = 8\left[r^3 - \frac{r^3}{3}\right] = \frac{16}{3}r^3 = \frac{2}{3}d^3$$

如何计算两个同样直径互相垂直的圆柱体的横截面这一问题，在阿基米德的《方法》中也被讨论过，但阿基米德的这本书早已失传，直到 1906 年才被重新发现，当时有人在一卷被重复利用的羊皮纸卷上发现了这部著作的一部分，被重复利用的羊皮纸上原本阿基米德的大部分文字已被抹去，以便誊写一处修道院的圣诗集。并没有记载表明，在皮耶罗的时代，阿基米德的著作就已经广为流传，皮耶罗也不太可能获得阿基米德的著作。因此，皮耶罗独一无二的计算方法应该是原创的。

综上所述，皮耶罗是一位有清晰空间意识和几何直觉的一流数学家。他的数学和艺术理念在其著作中有所体现，他看待空间和形状的方式在其画作中展露无遗，这使得他成为那个特殊时代的典范。在 15 世纪后期，艺术和数学开始联手，彼此互相促进。

艺术中的正多面体

在文艺复兴时期，对正多面体的研究有两大源头。一方面，对古代知识的发掘激发了人们对数学的兴趣，包括欧几里得在

《几何原本》中的数学视角，以及柏拉图在《对话录》中的宇宙观基础。另一方面，数学透视法的传播使这些抽象概念得以突破学者想象力的藩篱，以绘画作品的形式呈现在人们眼前。

意大利城市乌尔比诺因诞生了两位潜心于此研究的作家而闻名于世，他们是皮耶罗·德拉·弗朗切斯卡和卢卡·帕乔利。皮耶罗在其《算盘的论著》中对正多面体的研究以及他所介绍的诸多例子被收录于帕乔利的《算术、几何、比及比例概要》中。随后我们还会在皮耶罗的《五个正规立体的短书》和帕乔利 1497 年出版的《神圣比例》中发现这些研究和实例。不过在瓦萨里看来，这应该是事实上的"剽窃"了，尽管皮耶罗的方法更加刻板，或者照他自己的话来说，更具"数学性"，而帕乔利的方法则稍带上了一丝神秘感和神学性

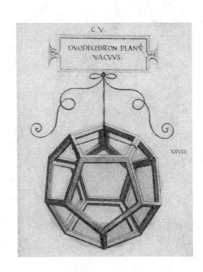

莱昂纳多·达·芬奇绘制的正十二面体，出现在卢卡·帕乔利的《神圣比例》手抄本中

质。皮耶罗在其著作中试图对其理论论述做出解释，即便没有实例，同时还试图论证其方法，但帕乔利却声明"已表达清楚了的则不需要再证明"，以此来为其书中缺乏实例的问题进行辩护。

尽管如此，抛开两人的不同见解和可能剽窃这一争议性问题不谈，两人的以上著作都穿插了精美绝伦的绘画来阐明其观点。在皮耶罗的著作中，一切迹象都表明，书中插画皆为其原创，而帕乔利的《神圣比例》一书的插图则由莱昂纳多·达·芬奇绘制，为这本书增添了一抹别样的价值。

木制正多面体逐渐成了意大利文艺复兴时期的宫廷时尚。很多贵族都会委任工匠创作正多面体作品，并且在数学家的监

一个菱形八面体，其原型基于莱昂纳多·达·芬奇在卢卡·帕乔利于1509年在威尼斯出版的《神圣比例》印刷版中的插图

弗拉·乔万尼·达·维罗纳（Fra Giovanni da Verona，约1457—1525）为维罗纳的奥兰诺的圣马利亚教堂圣器室所创作的细工镶嵌作品

督下，某些时候甚至是在帕乔利本人的监督下，诸多独具匠心的木制工艺品得以面世。

与此同时，正多面体和透视法的盛行还渗透到了装饰性细工镶嵌艺术中，因此，在装饰性墙壁和木制橱柜门上镶嵌正多面体变得常见。这些装饰经常会造成一种视觉错觉，使柜子看起来更大。

正多面体与黄金比例的关系

卢卡·帕乔利将其关于正多面体的著作定名为《神圣比例》，神圣比例也叫黄金比例，一般用 φ 代表。那么，正多面体和黄金比例之间有什么联系呢？以下三幅图将有助于我们回答这一问题。

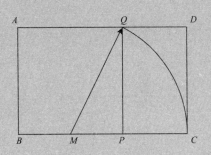

黄金矩形的绘制

第一幅图展示的是如何绘制一个黄金矩形。首先画一个正方形 ABPQ，然后以 BP 边的中点 M 为出发点，以等长于 MQ 的线段为半径，画一段圆弧，并与 BP 边的延长线相交于

C 点。这样一来便形成了一个矩形 *ABCD*，也就是一个黄金矩形。该黄金矩形的边长符合以下黄金比例：

$$\frac{BC}{BP} = \frac{1+\sqrt{5}}{2} = \phi$$

同理，矩形 *ABCD* 和矩形 *CDQP* 也是类似的，因此可以论证：

$$\frac{AD}{AB} = \frac{CD}{CP} = \frac{1+\sqrt{5}}{2} = \phi$$

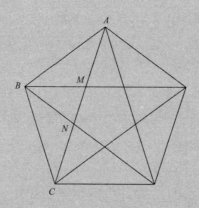

规则五角形中的一些黄金比例

在规则五角形以及规则十角形中也可以发现黄金比例。实际上，我们可以在五角形中发现大量与黄金比例相关的比例，例如：

$$\frac{AC}{AB} = \frac{AC}{AN} = \frac{AB}{AM} = \frac{AM}{MN} = \frac{1+\sqrt{5}}{2} = \varphi$$

依此类推，在由 12 个五角形构成的正十二面体中，黄金比例更是比比皆是。再举一例，我们可以在正二十面体中发现黄金比例，如果我们将一个正二十面体相对的棱边连接起来，就可以得到一个黄金矩形。如果我们将其相对的 12 个顶点连接起来，就可以得到下图中的形状，形成三个彼此互相垂直的矩形。

正十二面体也可形成类似的形状，只不过这次连接的不是相对的棱边，而是相对平面的中心点。

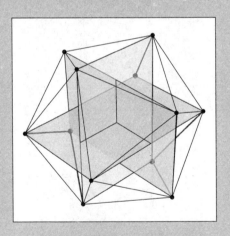

正二十面体所包含的三个黄金矩形（来源：FMC）

　　弗拉·乔万尼·达·维罗纳为其家乡维罗纳城的奥兰诺的圣马利亚教堂圣器室设计的物品显然受到了莱昂纳多·达·芬奇为《神圣比例》所绘制插图的影响，这也是弗拉·乔万尼深谙帕乔利著作的确证。

　　在这个时期，除规则正多面体和半规则或阿基米德式正多面体外的其他几何物体，例如圆锥体、三棱柱或球面体，都开

乔万尼·达·维罗纳于 15 世纪末创作
的包含一个圆环体的细工镶嵌作品

始在艺术作品中变得常见。在某种意义上，这些还成为"极限"这一数学理念的原点，而该理念一直到若干世纪以后才会出现。

在《神圣比例》和弗拉·乔万尼·达·维罗纳的细工镶嵌作品中看到的球面体都能够被放入一个理想球面中，该球面可以将所有与其半径相等的球面体包裹起来。

有一种物体成为研究透视法的标志，画家保罗·乌切洛（Paolo Uccello）是其主要倡导者，这种物体就是圆环体。它起源于 15 世纪，是佛罗伦萨人用以支撑其头巾的一种饰品。该物体的形状像甜甜圈，在数学上被称作"圆环体"。

我们可以以多种方式来想象这一圆环体的构成。最简单的方式就是，想象有一条圆圈线，垂直套在另一条较大的圆圈线上，其中心点对应该条较大圆圈线，并绕其一周，这样所形成的形状表面就是圆环体。

另一个可能性是，想象有这样一个狭窄、细长的塑料圆筒，将其弯曲并首尾相接。如果我们将其表面裹以诸如纸板一样的材料以便构建这样一个形状，则该形状将如下图所示：

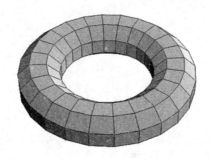

棱面圆环体（来源：FMC）

装满水的正多面体

雅各布·德巴尔巴里（Jacopo de' Barbari）创作的弗拉·卢卡·帕乔利像，现藏于那不勒斯卡波迪蒙特博物馆

弗拉·卢卡·帕乔利与很多艺术家都建立了友谊，其中有一些艺术家为其创作了画像。上图便是雅各布·德巴尔巴里所画的帕乔利画像，从画中可以看到帕乔利正在教授数学课程，其学生有可能是吉多贝多·达·蒙泰费尔特罗，也就是未来的乌尔比诺公爵。帕乔利在书桌上展开了一本欧几里得的《几何原本》，应该是在教授几何学。从黑板上的绘图判断，授课内容是关于"驴桥定理"的，也称"笨蛋的难关"。这条定理规定，等腰三角形长度相同的两条边相对应的夹角

也是相同的。有些人认为"驴桥"这一说法源自该绘图本身，因其形似一座桥，不过更可能的说法是，正是从这条定理开始，《几何原本》中的内容变得越来越抽象，艰涩难懂。在帕乔利画像的右手边，可以看到一本《算术、几何、比及比例概要》，书的上方有一个正十二面体，由一条金色链子从天花板上吊下来。该正十二面体有着玻璃表面，且装了一半的水。这个神秘的正多面体反射着窗户的图像，光线从左手边照射进画像，形成一个菱形八面体，有 18 个方形表面和 8 个三角形表面。

帕乔利的正多面体

为了创造一个棱面圆环体，其圆凸面被划分为 8 块，使其转变成一个八边形，而圆圈的部分则被划分为 24 块。如此，该圆环体就成了一个由 24 个相同"部分"构成的形状，每一个部分都是某种斜角三棱柱，其底座为一个规则八边形。

在上述细工镶嵌作品中，可以在橱柜下半部分的隔间里看到这种圆环体形状。不过，正如我们将会看到的那样，这种形状当时在许多其他场合均有所体现。其中一个例子便是佛罗伦萨诺维拉圣母教堂中所谓的"绿色回廊"，保罗·乌切洛在此绘制了一幅半月形湿壁画，名为《洪水》。在这幅稍显混乱的场景中，所有人物角色似乎彼此互不相干，且整幅画的中央部分凸显出纵深的透视感，画中还可看出有两个圆环体形状。其中一个圆环体环绕在一个手持棍棒正准备从另一个人那儿偷梯子的人的颈部。这两人正争抢着要爬上方舟。另一个圆环体出现在背对画作观赏者

保罗·乌切洛为佛罗伦萨诺维拉圣母教堂的绿色回廊创作的湿壁画《洪水》(The Flood)（来源：FMC）

而坐的一个女孩头上，该女孩注视着侧向一边的情况。乌切洛想要在该场景中赋予圆环体形状的任何象征性意义都被遗忘了，或者他根本就从未考虑过其象征性意义。

在乌切洛的《圣罗马诺之战》（*The Battle of San Romano*）的系列画作中，有三幅亦可看到若干个圆环体形状。这三幅画现分别保存于佛罗伦萨的乌菲齐美术馆、伦敦的英国国家美术馆和巴黎卢浮宫。

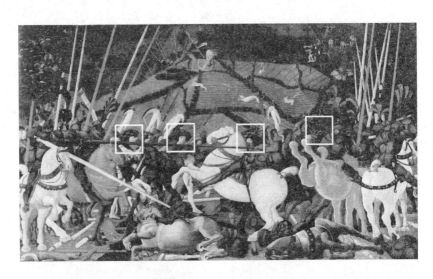

收藏于乌菲齐美术馆的《圣罗马诺之战》画作中圆环体的近距离特写

"啊，透视画法真是美妙！"

保罗·乌切洛，也称为保罗·迪多诺（1397—1475），是佛罗伦萨的一名画家，透视画法的运用在其画笔下达到了巅峰。他曾与多纳泰罗一道在吉贝尔蒂的画室做学徒，当时吉贝尔蒂正专注于佛罗伦萨洗礼堂北门的设计。1416年，乌切洛搬到了威尼斯，着手修复圣马可大教堂外墙上被大火烧毁的马赛克镶嵌图案，并经手马赛克地板的大理石细工镶嵌工艺。1430年，他回到了佛罗伦萨，在卡皮拉·布兰卡契小堂看到了马萨乔创作的湿壁画，深受画中透视法运用之精妙的吸引，此后便将该画法纳为己用，以至于该画法甚至成了他自身作品的主要特征。1436年，他受邀在圣母百花大教堂大殿内部绘制一幅有关雇佣兵约翰·霍克伍德（John Hawkwood）的湿壁画。他在画中运用了透视法，将这名士兵画在了马背上，仿佛这是一座骑士雕塑一般。整个15世纪40年代，他都致力于在诺维拉圣母教堂的"绿色回廊"绘制湿壁画，这些湿壁画现今已稍微有所风化。

不过，最能体现他对透视画法热情的画作是《圣罗马诺之战》的三幅大型版画，其中包括再现一场混乱不堪的户外战斗场景的额外难度。在其中一幅画中，掉落到地面的长矛似乎构成了笛卡儿式的横坐标轴和纵坐标轴网络，而近200年后，笛卡儿才写出了《几何学》。乌切洛十分痴迷于透视画法，瓦萨里曾写道：

熟悉乌切洛且是其好友的多纳泰罗常常对他说："保罗，

你的透视画法使你摒弃了存在于不真实之物的真理。"
而他之所以这样说，是因为保罗每天都向他展示以透视
画法画成其表面的圆环体，而且棱角都是精心制作的。

1452 年，年逾 54 岁的乌切洛娶了托马萨·玛利菲茨
（Tommasa Malifici），两人育有两个儿子——多纳托和安东尼
奥，后来也成了画家。瓦萨里在《艺苑名人传》中颇有微词地
写道，保罗整夜都坐在书桌前，专注于透视画法，而当他的妻
子召唤他上床睡觉时，他说："啊，透视画法真是美妙！"

保罗·乌切洛为威尼斯圣马可大教堂设计的马赛克图案。上
图是一个呈星形放射状的正十二面体（来源：AMA）

最后，我们来讨论一下开普勒正多面体，这是一种伟大的
星状十二面体，由 12 个规则的五角星构成，这些五角星在每一
个顶点处五五相连。尽管开普勒直到 1619 年才在其《宇宙和谐
论》（*Harmonices Mundi*）一书中对其加以研究，乌切洛却早已
在 15 世纪末就在威尼斯圣马可大教堂的地板上绘制过该形状。

从透视法到虚拟现实

在 15 世纪的最后 30 年，透视画法技艺已在佛罗伦萨的各
大画室中得以确立，并且进而传播至意大利其他地方。不过几

乎从一开始，就产生了这样一个矛盾：透视画法的诞生本来是为了以一种令人信服的方式来描绘"现实"，却发展出了一种完全不同的用途，那就是，使本不存在的事物看上去真实。因此在某种程度上，我们如今所谓的"虚拟现实"便也诞生了。

莱昂纳多·达·芬奇在其《亚特兰蒂斯抄本》（*Atlantic Codex*）中给我们提供了另一个对这种形状有见解的例子：

上图展示的是一个圆环体素描。实际上，我们看到的是两个互相交叠缠绕的圆环体。并且这两个互相缠绕的圆环体还与第三个平行。这可以用以下重构图形来更清楚地加以理解：

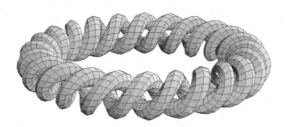

对达·芬奇《亚特兰蒂斯抄本》中的圆环体的重构（来源：FMC）

　　达·芬奇在这幅素描上下各配了两段文字。由于达·芬奇是左撇子，书写时习惯倒着写，所以要阅读他的文字，得借助一面镜子，将文字反射在镜子中，不过今天用于图像编辑的电脑程序也可以将该图像翻转，我们正是用这种方法得出下图：

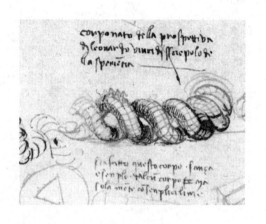

　　上方的文字是：

"由莱昂纳多·达·芬奇这名经验之徒用透视法绘制而成。"

　　下方的文字是：

"在完全没有借鉴任何实物形状的情况下，仅凭简单线条绘制而成。"

　　达·芬奇的理念领先于许多同时代艺术家。在他手中，被发明用以再现现实的透视法成了创作虚拟现实的工具，他用透视法创作出许多"在完全没有借鉴任何实物形状的情况下，仅凭简单线条绘制而成"的非真实实体。

乌菲齐美术馆的绘画作品

　　乌菲齐美术馆图纸和版画展室里陈列着与圆环体相关的两幅画作。历史上这两幅画曾一度被认为是由保罗·乌切洛和皮耶罗·德拉·弗朗切斯卡所画，但最新的研究否定了这种说法，其真正的创作者不得而知。其中一幅再现了一个有钻石顶点外表面的圆环体，另一幅就是所谓的乌菲齐杯，其中可以看到多达三个圆环体，最大的一个圆环体四周有着锥体钻石顶点。由于两幅画作在这方面的相似性，它们被认为是出自同一人之手。

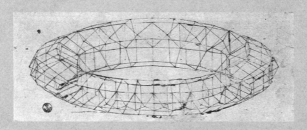

乌菲齐美术馆的圆环体

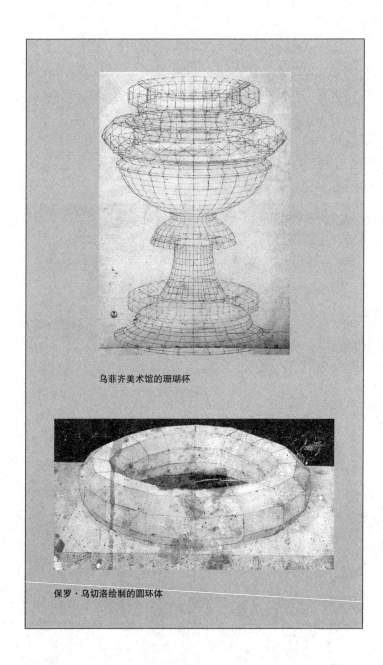

乌菲齐美术馆的珊瑚杯

保罗·乌切洛绘制的圆环体

阿尔伯蒂的数学游戏

　　莱昂·巴蒂斯塔·阿尔伯蒂是研究数学并撰写数学论著的艺术家之一。除了《论绘画》外，他还写了一本名为《数学游戏》（*Mathematical Games*）的书。与书名的表面含义不一样的是，该书的写作目的是解决涉及解读测量结果的几何难题。例如，如何确定河流宽度或水井深度，或如何绘制比例地图这样的问题。

　　阿尔伯蒂对罗马城进行过实地勘测，但绘制的地图却已失传——如果他真绘制出了这样一幅地图的话。他将其研究结果编写入《描绘罗马》（*Descriptio Urbis Romae*）一书中，并于1433年出版，紧跟着又出版了《论绘画》。《描绘罗马》的引言部分如下：

> 通过使用数学方法，我已尽可能仔细地记录下了我们这个年代人们熟知的城墙、河流和街道的走向和交会处，还有那些神殿、公共建筑、城门和纪念碑的位置，我还记录了山峦和人居区域的轮廓。在此过程中我发明了一种方法，任何拥有平均智商的人都能方便快捷地用该方法在任何表面上绘制以上事物。我的一些富有智慧的朋友在这个过程中向我提供了帮助，而且我认为这也将有助于他们的研究。

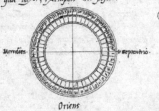

阿尔伯蒂的《描绘罗马》手稿，写于 15 世纪

皮埃特罗·德尔·马赛奥的罗马地图

阿尔伯蒂在《描绘罗马》中描述的用地形数据绘制的地图可能已经失传。好在若干年后，到了1464年，皮埃特罗·德尔·马赛奥（Pietro del Massaio）在佛罗伦萨出版了托勒密编写的《地理学》（*Geography*），书中收录了一张用阿尔伯蒂的数学方法绘制的精美的罗马地图（下图）。我们可以看出，除了在地图右下角出现的梵蒂冈圣彼得大教堂和一些零星散落其间的教堂外，马赛奥的主要目标是标明古沟渠、古竞技场、万神殿、图拉真圆柱以及马可·奥勒留圆柱等古代历史遗址的位置。但没法准确确定此图表现的是什么年代的罗马。不管怎样，与现代地图相此，尽管只用了简陋的测量仪器，用阿尔伯蒂的方法仍然具有一定的实用价值。

　　若干年后，到了大约 1450 年，费拉拉公爵博尔索·埃斯特（Borso de Este）委托阿尔伯蒂写作一本书来解释《描绘罗马》一书中用到的数学方法，于是，阿尔伯蒂完成了《卢迪数学家》(Ludi Matematici) 一书。让我们来看一看书中的内容，他在其中一部分解释了如何着手绘制某一给定地点的比例缩放图。为了做到这一点，他采用了三个不同点的地形数据，数据的收集运用了他自己发明的名为晶体测角仪的装置，通过运用三角形的比例原则，继而勾勒出该地点的地图。

　　以下文字是从中世纪意大利语直接翻译过来的，并最大限度地尊重了阿尔伯蒂的原始风格：

　　我现在要谈一种易于使用的测量方法，各位将看到，这种方法尤其适合喇叭枪或其他远距离兵器的使用者。不过，我将该方法用于诸多休闲活动，例如丈量村庄尺寸和绘制风景画，我绘制罗马地图时用的就是这个方法。因此，现在我要告诉各位该方法的运作模式。

　　我们用如下方法来测量某一地点或某一区域的环境以及其街道和建筑。首先在木板上画一个圆圈，其宽度至少为一个布拉乔（一个佛罗伦萨布拉乔相当于 58.4 厘米），并将该圆圈尽可能多地等分为若干部分，越多越好，只要这些被等分部分仍然能被很好地加以区分，不至于混淆。我通常会将整个圆形等分为 12 个部分，并将圆圈的边缘，也就是外圈，等分为 48 个部分，称为"角度"。然后，再将每个角度等分为 4 个部分，每个部分称为"微毫"。我还为每个角度标记了相应的数字，如下图：

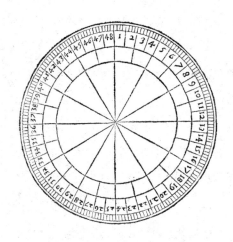

某个版本的《卢迪数学家》中阿尔伯蒂的"测角仪"

要绘制地图时，先将上述工具放置于一个高平台上，通过该平台可以看到希望绘制的诸多地形地标，例如钟楼等。手持一根悬挂有重物的绳索往后退，直到距离该工具有两个布拉乔远。然后逐一注视地标建筑，确保视线穿过悬挂有重物的绳索以及圆圈中心，且最终落在所注视的地标建筑上。记录下视线所穿过圆圈的角度数字。

现在来想象一下，你正身处某城堡塔楼里，面前放置着该工具，你正从你所在的位置注视着前方的城堡门。你的视线穿过了工具上的 20° 角，且刚好位于第二个微毫的边界处。这时便在纸上记录"上方城堡门，角度为20°，两个微毫"。然后，不要移动该工具，而是自己进行移动并一边观察这些角度。或许你的视线会刚好穿过工具上24°角零微毫的位置，如果是这样的话就记录下"角度为24°"。用这种方法逐一记录下其他所有地标建筑的角度，并始终保持工具位置不变。所有角度记录完毕后，你就走到从第一处地点能看到的第二处地点，并将该工具同样放置于前，使其与第一处地点的角度刚好对应方才记录下的角度。换句话说，如果某人要从刚才的塔楼航行到现在所处位置的话，那么就会顺着刚才所标记的 20.2° 角或 24.0°角来掌舵。然后在现在这个地点重复刚才在第一处地点所做过的一切，并在另一张纸上逐一记录下该地点与每个其他地标建筑的角度。

最后，你去到第三个地点，重复以上做法，记录下所有角度。我为各位绘制的反映上述流程的图见下页，可以清楚阐明以上步骤。

接下来继续以下步骤：从画板开始，在你认为适合在画板上作画的初始点做一个标记，将此标记设定为刚才记录下的任一地标建筑所在的位置。如果该地标建筑是城堡，则在该标记点上写上"城堡"字样。然后，取一张半个手掌宽的纸，将其以刚才所记录方位的纸张的方式折叠起来，并放置于该标记点上，确保工具中心刚好与标记点重合。从该标记点出发，依照刚才记录下的方位角度画上线条。

相应地，在某个线条上做第二个标记点，以对应刚才所勘测的某一个其他地标建筑。在第二个标记点上，也放置一张与上述类似的纸质工具，并使得所处线条能够对应刚才记录下的城堡的角度数字。换言之，两张纸质工具放置的位置刚好能够对应刚才测量的线条的角度。从第二个标记点出发，依照刚才记录下的角度数字来画线条。在从第一张纸质工具画出的标记某个地标，例如圣多明各的线条与从第二张纸质工具画出的同样标记该地标的线条交叉的位置，做一个标记点，并在上方写上"圣多明各"字样。重复以上步骤以完成该区域内所有地标建筑的标记。如果这两条线相交的角度不明显，则在第三个标记点上放置同样

的纸质工具，重复以上步骤，确保对应的线条得以相交且角度完全清晰无误。用文字来解释以上步骤绝非易事，但该步骤本身并不难。按该步骤进行操作是令人愉悦的事情，且对于描绘诸多事物大有用处，各位自己也可加以验证。

通过这种方式，我发现了一种定位某条特定古代沟渠的方法，尽管沟渠的走向已消失在山峦中，但仍能找出其位置的一些线索。通过这种方法，各位自己也可以记录你走过的所有旅程，记录任何迷宫的迂回曲折，以及记录任意沙漠，而不会冒犯错误的风险。

各位还可以通过这种方法来非常精确地测量距离。比方说，如果你想要测量从托里·德尔·博瑞克塔楼到城堡的距离，则可以按照以下步骤进行：

以前述方式放置测量工具，记录下得以看见前述塔楼的角度数字，然后注视与你此前所在观测点相距遥远的某个地点。例如，假设你在城堡城垛的一端尽头处，找出并注视另一端尽头处的某个合适物体，记录下其所在角度和微毫数字，然后将该工具以前述方式放置于建筑物的另一侧，并确保其线条直直地顺着城垛向下。从该位置注视上述塔楼，并记录下其方位数据。这一切都完成后，回到房间里或其他任何地方，准备一个平面，假装你要绘制上述步骤所得出的地图。以上述方式用工具在平面上做好标记点，画好线条，线条所交叉的地方呈现如下页图：

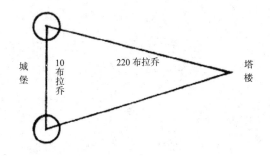

我断言，这些标记点之间的空间距离与它们之间的连线距离的比例，刚好等同于从城堡的一端城垛至另一端城垛的空间距离与从托里·德尔·博瑞克塔楼到该标记点的距离的比例。如图中以罗马数字所示，如果城堡的两端城垛相距 10 布拉乔，而从城堡两端城垛分别至塔楼有 220 布拉乔的话，那么我们就可以说从塔楼至城堡两端城垛的距离是城堡两端城垛之间距离的 22 倍。而这种测量方法有助于勘测较近距离而非较远距离，后者需要更大型的测量仪器。

丢勒的"叉线"、"燃烧线"和"蛋线"

从丢勒在《量度艺术教程》勾勒的众多几何形体中，我们可以发现圆锥体横截面的形体。该书在开头便写道：

所有人当中最聪明睿智的当数欧几里得，他汇编了几何学的基础。但凡能够轻松理解他的几何理论的人，也能够轻松驾驭本书的内容，因为本书是针对年轻人和未曾接受过系统教育的人而写的。

在丢勒和同时期的许多其他艺术家看来，艺术家应当学习徒手绘图和几何学，并且能够同等娴熟地使用画笔和直尺与圆规。丢勒认为，艺术家必须熟知如何"测量"，这就是他将其著作命名为《量度艺术教程》的原因。

丢勒在前往意大利的旅程中学习了数学和透视法。在回到家乡纽伦堡后，他通过一些人文主义者朋友的藏书接触到了古典和当代数学文献，这些文献当时正准备印刷出版。（印刷业当时正成为该城市最蓬勃发展的产业之一。）

他显然也学习了欧几里得及其《几何原本》，以及皮耶罗·德拉·弗朗切斯卡和莱昂·巴蒂斯塔·阿尔伯蒂的理论。在《量度艺术教程》中，他的兴趣并不在于实例演示或纯几何理论，而是在于尝试用几何方法来解决生活中的问题，并以一种艺术家和工匠都很容易理解的方式来描述这些方法。他所涉主题包括线性透视、规则正多边形、正多面体以及柏拉图多面体，并从最实用的角度出发来描述这些几何形体的轮廓。他还探讨了如何运用几何学来描画各种印刷机以及其他一些工程和建筑机械。

为一窥其风格和他表达自我的细致方式，我们来看一看对于描绘椭圆形的方法，丢勒自己是怎样阐述的：

古希腊数学家们已经证明，我们可以从一个圆锥体得出三个不同的圆锥截面，其产生的三条曲线都不会与该圆锥体的底面曲线相同。……每一个这样的圆锥截面都会产生一条特定曲线，接下来我将向各位展示如何绘制这些曲线。博学之士将第一个截面产生的曲线称为椭圆，该截面斜向地切割圆锥体，且不会与圆锥体底面接触。……第二个截面通过画一条平行于圆锥体 ab 边（该边决定了圆锥体的高度）的直线而产生，或通过画一条平行于圆锥体对面一条边（换言之，圆锥体母线）的直线而产生。学者们将这种截面产生的曲线称为抛物线。第三个截面通过画一条平行于圆锥体轴线的竖线而产生，学者们称该截面产生的曲线为双曲线。我尚不知这些术语是否有对应的德语名称，但是我想给它们取名，这样我们就可以对其进行辨识。我会称椭圆形为"蛋线"，因为它或多或少形似蛋。抛物线则被我称为"燃烧线"，因为有这种曲线轨迹线的镜子可以点火。最后，我会称双曲线为"叉线"。

如果我想要画蛋线，也就是椭圆形，我得首先画一个圆锥体的高度，表示我想要创造的截面以及该截面平面图，然后我会展开如图所示的以下步骤：

假设圆锥体的顶点为 a，底面直径为 bd。从 a 点向下画一条垂直线。我将斜切入圆锥体的截面的顶端称为 f，底端称为 g，然后将线段 fg 以 11 个点划分为 12 个部分，并从 f 开始，将每个点以数字标注。在圆锥体侧面图的下方，

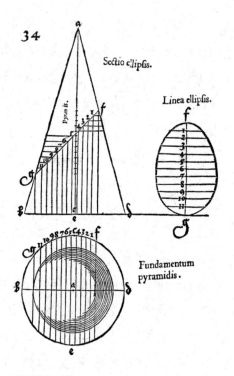

丢勒书中的插图

我画了圆锥体的底面图。我将其中心点称为 *a*，圆周设四个点分别为 *bcde*，这刚好与侧面图对应。从线段 *fg* 的所有点出发，包括 *f* 点、*g* 点和所有以数字标注的点，我们画相应的延长线至底面。我将这些延长线与底面圆周线交叉的点也逐一标上相对应的同等数字和字母。

以上步骤完成后，我拿出一个圆规，并将其中一个笔尖放置在圆锥体的母线 *ae* 上，其高度为分割点 1 的高度，再将圆规的另一个笔尖放置在圆锥体的母线 *ad* 上，并与先前的高度相同。然后我将刚才形成的圆规两个笔尖之间的距离转移到圆锥体底面上，并将其中一个笔尖置于中心点 *a* 上，另一个笔尖置于由分割点 1 画出的线条上。我以 *a* 点为圆心，向 *d* 点的方向画一条弧线，直至弧线再次与分割点 1 画出的线条相交。（将该步骤于点 2 至 11 都重复了一遍。）

接下来，我将使用圆锥体的底面作为参照物，并以如下方式画出椭圆形的轮廓：

我先是画一条等长于线段 *fg* 的垂直线，并保留将该线段划分为 12 个部分的 11 个点，再画 11 条平行的水平线，每一条都穿过前述线段的每个分隔点。然后我在圆锥体底面的线段 1 上，测量刚才用圆规所画弧线与之相交的两点之间的距离，将该距离转移并延伸至横截面 *fg* 上。我将该段距离的两端分别置于线段 1 的两边。接下来，我在剩下所有以数字标注的线段上重复以上步骤。全部线段完成后，我将所有点连接起来，就画成了"蛋线"，也就是椭圆形。

"蛋线"的绘制印证了《量度艺术教程》中的方法实用、精确。

综上所述，本章介绍了文艺复兴时期一些艺术家撰写的数学著作，从中可以窥见数学与艺术内在关联的一角。

第三章

时间、空间和光线

乔万尼·薄伽丘的《十日谈》是14世纪欧洲文学最重要的名著之一，并且也是对意大利文学的后续发展最具影响力的作品之一。

　　《十日谈》讲述的是七女十男一群年轻人，一起在佛罗伦萨城外躲避肆虐该城的大瘟疫的十天经历（也就是该书名称的由来）。他们聚在一起轮流讲故事，其中许多故事都与情欲有关，这使得该书在历史上的不同时期多次被列为禁书。

　　其中一个关于纳达乔·奥奈蒂（Nastagio degli Onesti）的故事是该著作所含100篇故事中的一篇。纳达乔是一名来自拉文纳城的中产阶级市民，他在其父亲和叔父去世后暴富。不久他爱上了保罗·特拉维沙利（Paolo Traversari）的女儿。为了追求爱人，纳达乔开始大肆挥霍钱财，为女子举办宴会和派对。但是，女子丝毫不为所动，甚至还挺享受拒绝纳达乔的感觉。陷入绝望中的纳达乔不断徘徊于自杀、变爱为恨和试图忘记爱人三个选项间，但始终未能做出决断。他的朋友和家人眼睁睁地看着他身体状态每况愈下，无心工作坐吃山空，便试图说服纳达乔离开拉文纳城，与得不到的心上人拉开距离，从而彻底忘掉她。纳达乔最终被说服，搬到了相邻的克拉西城。

在春日的一个星期五，落日的晖光下，纳达乔在靠近海边的一个松树林里散步，这时他看见一名年轻貌美的女子赤身裸体地奔跑着，面露恐慌。两条狗正在追逐女子，不时撕咬她，她身上已有好几处伤口在流血。两条狗后面有一个身穿盔甲的骑士，手中持剑，威胁要杀死这名女子。纳达乔挺身而出，想要保护这名年轻女子。骑士走过来，自我介绍说是吉多·阿纳斯塔吉（Guido degli Anastagi），并跟纳达乔讲了一段往事。多年前，这名骑士疯狂地爱着他现在所追赶的这名女子，但女子毫不动心。在多次遭到女子拒绝后，骑士含恨自杀。不久，女子也死了，而且因为她对骑士的冷漠而被判入地狱，神判决两人必须重复一种残忍的追捕游戏。"所以，"骑士继续解释道，"我所做的不过是遵从这一莫可名状的惩罚罢了。每个星期五，我必须在这个地方带着两条狗追赶她。杀死她之后，我会眼睁睁看着她复活，她的身体也会复原，完好无损。"这种惩罚会在每个星期五重复，一直持续若干年，直到还完女子对骑士冷酷无情同等长度的年份。纳达乔听从了神的旨意，决定不再干预，他看着骑士抓住女子，用手中的剑将她开膛，还把其内脏丢给恶狗咬食。当这一切都完成后，女子的身体奇迹般地复原了，从地上爬起来，又被恶狗和骑士追赶着，身上流着血跑出了纳达乔的视线。

纳达乔决定利用一下他所见的这件奇事，于是随后在接下来的星期五在该松树林中举办了一场宴会，邀请了亲朋好友以及心爱的女子和女子的父母。不出所料，到了甜点环节，上星期五他所见到的场景再次发生，所有出席宴会的客人都惊呆了。众人纷纷斥责追赶女子的骑士，骑士再次将其经历和两人必经的惩罚公布于众。年轻的特拉维沙利在看到这个场景与其自身情况极其相似后，决定放下姿态，并当即表示愿意嫁给纳达乔。在有可能被处以同样惩罚的恐惧面前，她将其先前对纳达乔的不屑转化成了爱，两人的婚礼于当周星期日举行。自此以后，拉文纳城里的所有女子都学乖了，明白要更加体恤她们的追求者。不过，这个故事并没有告诉我们，纳达乔和这名年轻女子此后的生活是否幸福。

仔细审视以上这个故事，我们就可以发现，这个故事里包含了两个层面：一是纳达乔和其来自特拉维沙利家族的年轻心上人的故事；二是吉多·阿纳斯塔吉和被判处每周五晚都要被谋杀的女子的故事。我们已经看出，第二个层面决定性地影响了第一个层面的发展。

不过，在这两个故事之外，还有一个与之相关的第三个故事。1483 年，洛伦佐·德·美第奇承办了佛罗伦萨两大富裕家族的婚礼，也就是年轻的乔诺佐·普契（Gianozzo Pucci）和卢克雷齐娅·比尼（Lucrezia Bini）的婚礼。我们并不知道卢克雷齐娅为什么会答应结婚，下文中将提到的一组绘画似乎暗示着，她和新郎并非两情相悦。显然，婚礼意味着两大家族的经济结盟，同样也使美第奇家族能够在 15 世纪晚期佛罗伦萨的一片混乱中获得一定的政治稳定。无论当时是什么情况，洛伦佐·德·美第奇希望能够为新郎新娘的幸福贡献一己之力，并委托桑德罗·波提切利的画室创作了 4 幅镶板画。从镶板的形状和尺寸来看，它们有可能是用来装饰箱子或洛伦佐赠送给新婚夫妇的婚床。今天，这几块镶板早已从家具上被卸下，其中有三块被保存在马德里的普拉多博物馆，第四块仍然在佛罗伦萨，属于帕拉西奥·普契的私人藏品。这四块镶板的绘画内容不是别的，正是纳达乔·奥奈蒂的故事。

波提切利"描绘时间"

桑德罗·波提切利发现自己面临一个问题：一幅画作只能描述某一具体时刻，某一瞬间。如今我们可以借助现代摄影艺术的语言使用"快照"这一术语描述这种性质。一系列画作充其量只能被当作讲述者所描绘的振奋人心的故事之背景，乔托在阿西西的圣方济各圣殿中创作的湿壁画就是这样。

与现代"快照"技术建立关联之后，我们可以深入下去并将波提切利的作品称作"分镜"，他的目的是用画作"描绘时间"。今天我们可以很方便地用摄像机记录时间，但波提切利受限于仅能在 4 幅镶板上完成该任务。尽管如此，他仍拥有一项优势，即作为画家的高超技艺。

波提切利讲述纳达乔的故事的方式就像是今天的电影胶片。为了达到这种效果，他运用了一些小伎俩。其中最基本的技巧就是，画中的纳达乔始终身穿同样的衣服，这样一来，即便纳达乔在同一幅镶板中多次出现，我们也能看出这都是他本人，而不会将他与画中出现的其他各种人物角色混淆。这种叙事逻辑严格地在画中有所体现，波提切利所画的纳达乔从未换过服装，无论是在林中散步，还是一周后与宾客共享宴会，抑或在紧接着的周日婚礼上，他的服装在整个故事持续的 10 天里从未变过。

第一块镶板呈现的是海边树林里的场景。纳达乔正与朋友在帐篷外聊天。过了一会儿，他陷入了怀旧的遐想中，又想起了心上人，便开始在树林中散步。他身穿红色紧身裤和锁子甲紧身背心，背心里面是一件白色衬衣，背心外面披了一件蓝色短袍，用一条金色腰带在腰部打褶束好，脚穿一双

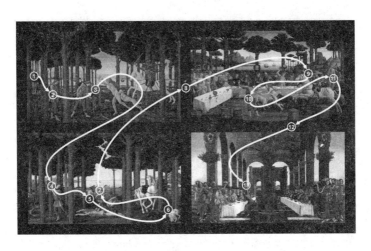

纳达乔·奥奈蒂 4 幅画的时间顺序（来源：FMC）

雅致的皮靴，靴筒上缘向下外翻，皮靴表面是天然皮革颜色，内面被染上了黄褐色。他脖子上挂着一顶黑帽，装饰以黑色的绶带和白色的羽毛，绶带刚好将帽子垂挂在其背后。纳达乔的这一装束在四幅镶板中不断重复着，但只有帽子在前两幅画中出现过。

我们继续从左向右仔细研究第一幅画，会发现纳达乔出现了两次。在他前方正是那名被恶狗追逐撕咬的年轻女子，狗的后面跟着一名面露凶色的骑士。纳达乔手里拿着一根刚从地上捡起的木棍，试图吓跑恶狗。画中的光线在背景部分较为明亮，而在前景部分较暗，这有助于体现出开放空间的深度，而这样的开放空间更难以为透视画法提供空间参照。林中的树木使得整个场景有所分隔，这也有助于给整幅画作赋予空间深度

纳达乔·奥奈蒂的第一幅画，画中被狗追逐的女子和骑士出现在前景部分，纳达乔在旁观（马德里普拉多博物馆）

感和凸显感。

　　第二幅画中，纳达乔只出现了一次，他面露惧色，看着刚刚杀死女子的骑士从其背上深长的伤口里挑出内脏，并扔给画中右边的恶狗们大肆吞食。这幅画中有所重复的角色是女子和骑士。在画作的前景部分，骑士已下马，蹲伏在女子的尸体边。在画作的背景部分，骑士又骑在马上，继续在树林里追逐复活了的女子。背景部分的这一场景几乎与第一幅画作的主要场景一模一样。在第二幅画中，该场景被安排在背景部分，从而暗示其发生时间稍微滞后于前景部分的场景，且由于该场景的解读顺序为从左至右，以此暗示着整个故事循环往复地发生。

　　一周以后，纳达乔和宾客聚集在树林里的长桌旁。整幅

第二幅画中，骑士挑出女子的内脏，并将其丢给狗吞食。纳达乔惊恐地观看着这一场景（马德里普拉多博物馆）

画作采取了俯视角度，画作中央是美第奇家族纹章，纹章下坐着达官显贵们，大概洛伦佐·德·美第奇也在其中。画作左边是比尼家族纹章，纹章下坐着特拉维沙利家族的女人们。纳达乔的家人和朋友们则位于画作右方普契家族纹章之下。在筵席的正中央，年轻女子闯了进来，被恶狗追逐撕咬着，身后的骑士杀手坐在马上挥舞着手中的利剑。这一突如其来的状况导致左边女士们的筵席桌被掀翻，食物散落一地。纳达乔戏剧般地站在画作正中央，呼吁画中人物保持冷静，并给他们讲述了自杀的骑士和冷酷的女子的故事。当年轻的特拉维沙利为其先前对纳达乔的态度而悔过，并同意嫁给他时，纳达乔便出现在画作右边的背景场景中与特拉维沙利的母亲商讨婚礼事宜。

第三幅画中，女子、恶狗和骑士闯入宴会现场（马德里普拉多博物馆）

　　第四幅画作呈现的是两天以后的婚宴现场，而该场景在薄伽丘的《十日谈》中丝毫未提。画中再次出现了比尼、美第奇和普契家族纹章，以及普契和比尼相结合的纹章，该纹章位于一个相当引人注目但却不太实际的拱形建筑里。我们可以看到两列服务员手托托盘和美味佳肴，从画作的左右两侧对称进入该场景中。

　　整幅画中的人物几乎处于绝对的对称位置，女士们坐在左侧，男士们坐在右侧，在建筑物下显得十分突兀。唯一与这种对称性不和谐的便是纳达乔本人，他坐在其心爱之人的前方，女子也终于含情脉脉地看着他。最后一幅画作的平静预示着整个充斥暴力的故事的圆满结局。

　　在贯穿四幅画作的十三个步骤中，波提切利向我们讲述了

纳达乔·奥奈蒂的第四幅也是最后一幅画，现保存于佛罗伦萨，由私人收藏家收藏。这幅画描绘了纳达乔和特拉维沙利女子的婚宴场景

故事曲线图

作为第四维度的时间很难以图像的形式来表现。"讲故事"无疑是描述时光流逝的最原始的方式。以口头叙述来说，讲故事的一个最基本的优点是讲述故事本身是需要花时间的。这样一来，在数学意味上，我们就为听者提供了两个时间，即故事本身发生的时间和讲述该故事的时间。两个时间的发生都朝着未来进展：针对所讲述的故事而言，就是从故事的开头到结尾，依照所讲述事件发生的先后顺序进展；而针对叙事本身而言，从"很久以前……"到"从此幸福地在一起"。但在表现这两种时间时，叙事时间并不完全与故事发生时间相对应。图 1 对应的是正常叙事，即实际持续了时间 k 的故事在更短的时间段里（a, b）被讲述。

只有在极少数情况下，上述两个时间段才刚好重合。图 2 中，叙事时间和故事发生时间的长短一致。能说明这一点的一个例子就是莎士比亚的《暴风雨》（The Tempest），这部剧讲述的故事所持续的时长为 6 个小时，且戏剧再现的时长也是 6 个小时。西班牙作家米盖尔·戴利贝斯（Miguel Delibes）的小说《与马里奥的五小时》（Five Hours With Mario）是另一个例子。小说讲的是一名刚成为寡妇的女子连续 5 个小时看着她丈夫尸体进行的独白。读者阅读这部小说同样需花费 5 个小时。不过，以上两个都是特例。

在电影中，我们通常会看到大量各种处理时间的方法：缩短、中断和倒叙，这些都是在电影艺术语言中操纵时间的手段。我们对这些手段早已习以为常，以至于多数时候我们并未注意到这些手段的使用。然而，并不少见的是，我们常会听到某人说某部电影"节奏很慢"，或者充斥着追逐戏和枪战的警匪片"节奏很快"。这两个形容都提到了电影中时间的使用。图 3 对应的是某部悬疑片，影片的前半部分似乎并未发生太多事件，但随着故事结局临近，影片节奏亦有所加快。最后，图 4 代表的是倒叙。叙事开始于故事的中间，也就是 I 点。随后，当故事发展到 m 点时，叙事的顺序被打断了，向后跳跃了一段时间，回到了故事的开头。当故事再次到达 I 点时，故事与最开始的叙事点接上了，叙事又在 m 点，也就是之前被打断的地方，重新开始了。

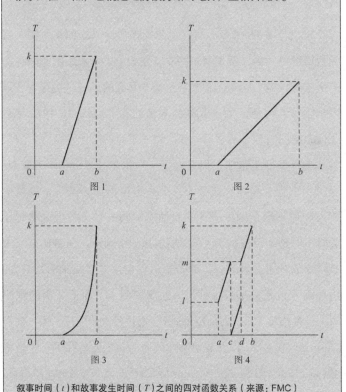

叙事时间（t）和故事发生时间（T）之间的四对函数关系（来源：FMC）

薄伽丘小说中纳达乔·奥奈蒂的故事。只不过，画家在再现曲折行进的时间线的同时，遵从了洛伦佐·德·美第奇的要求，将整个故事框定在乔诺佐·普契和卢克雷齐娅·比尼的婚礼背景中。

空间：《帕拉·迪·布雷拉》

1472 年 6 月 18 日，时任乌尔比诺伯爵、雇佣军军阀头目的费德里克·德·蒙泰费尔特罗率领的美第奇家族的军队占领了沃尔泰拉城。同年，蒙泰费尔特罗家族的第一个男婴吉多贝多出生了，他将成为该家族的未来继承者。然而，1472 年对于该家族同时也是不幸的一年。费德里克的妻子在诞下吉多贝多几个月后便去世了。巴蒂斯塔·斯福尔扎（Battista Sforza）当时正掌管着乌尔比诺政府，随后不再担任为教皇、佛罗伦萨人和那不勒斯国王服务的雇佣军军阀头目（时机成熟时还会时不时地加以反抗）。在斯福尔扎的治理下，乌尔比诺成为最重要的艺术名城之一，而费德里克也常常是画家的赞助人。这些画家包括皮耶罗·德拉·弗朗切斯卡、西班牙裔的佩德罗·贝鲁格特（Pedro Berruguete）、佛拉芒人胡斯托·德·根特（Justo de Gante），以及建筑师弗朗西斯科·迪·乔尔乔·马蒂尼（Francesco di Giorgio Martini）和卢西亚诺·洛拉纳（Luciano Laurana），他们都曾接受过费德里克的赞助。

或许是为了庆祝沃尔泰拉之战的胜利和儿子吉多贝多的出生，费德里克委托画家创作了《帕拉·迪·布雷拉》（*Pala di Brera*），这幅画也被皮耶罗·德拉·弗朗切斯卡称为《帕拉·蒙泰费尔特罗》（*Pala Montefeltro*）或《圣会图》（*Sacra Conversazione*）。意大利词语"帕拉"的意思是"圣坛作品"，也就是"圣坛画"。因此，这幅画本来是悬挂在教堂圣坛上方的装饰品，一般下面还会挂一系列被称为"祭坛座画"的小画作。这幅圣坛画最初似乎是要被安放在圣多纳托·德格利·奥瑟凡蒂教堂（San Donato degli Osservanti Church）里，也就是费德里克的安葬之所。不过画作完成后，随即被转送至圣贝纳迪诺教堂（San Bernardino Church），这座教堂被认为是蒙泰费尔特罗家族的陵墓。

《帕拉·迪·布雷拉》得名于现今保存此作品的地点，即米兰的布雷拉美术馆。18 世纪 90 年代后期，该美术馆被由法国士兵和数学家加斯帕尔·蒙日率领的拿破仑手下部队占领，这幅画也被掠走。

我们可以从画中看到一个由圆锥形中央透视所体现出的经典建筑风格空间，其布局几乎完全对称。画作背景部分是一间半圆形后殿，十分突出，且似乎有一个半圆形的基座。边缘上的拱形使我们不禁想象后殿的十字交叉平面图，似乎有两条互相垂直的通廊。后殿上方是一个筒形拱顶，镶嵌着方形镶板。拱顶尽头处是一个四分之一半球形帽罩，下方是一个巨大的蚌壳形状，其下伸出一根金链，悬挂着一个鸵鸟蛋。画中还显示了一群围绕在圣

《帕拉·迪·布雷拉》(1472),这幅皮耶罗·德拉·弗朗切斯卡的画作现保存于米兰布雷拉美术馆

母马利亚周围的人，构成了一个半圆。圣母马利亚坐在宝座上，双手合十，圣婴耶稣基督正在她的腿上安睡。

　　画中人像的构成突出强调了整个建筑物的对称性。圣母马利亚十指紧扣，直视着画作观赏者，凸显出中心轴线。其余人物分别是两组三人组合的圣人和两对天使，同样也对称地站在中轴线两旁。唯一打破这种对称性的，也可以说有意为之的，便是画作捐赠者所在的位置，他跪立在右侧前景部分。这名捐赠者就是身披仪式性铠甲的乌尔比诺公爵费德里克·德·蒙泰费尔特罗，一个极具争议性的角色，同时也是 15 世纪意大利一名充满热情的、虔诚的天主教徒。与所有关于他的人物像一样，这幅画中他也只显露出了侧脸，这是因为他在一场骑马比武中失去了右眼和部分前额。费德里克所在位置的不对称性恰恰凸显出他的妻子巴蒂斯塔·斯福尔扎的缺场。她在诞下两人企盼已久的子嗣吉多贝多几个月后就去世了。评论家们对此幅画作的创作年份看法不一，尽管多数评论家认为其年份介于 1472 年（也就是吉多贝多出生的那一年）和 1474 年之间。

　　画中圣人从左至右分别是巴蒂斯塔·斯福尔扎的守护圣徒施洗者圣约翰、圣杰罗姆以及 1450 年被封圣、圣方济各会的来自锡耶纳的圣贝纳迪诺。画作右侧的圣人分别是展示圣痕的圣方济各、袒露着被杀时受伤的头骨的多明我会的圣徒殉道者彼得，以及手持《圣经》的福音书作者圣约翰。我们知道其中一名圣人的面容是皮耶罗的一位朋友，即弗拉·卢卡·帕乔利。与圣人不同的是，天使的容貌没有现实原型。可能担心把天使画成真人的面容会引起争议，因此皮耶罗虚构出了天使的面容，并使其衣饰华丽、珠光宝气。

颇具象征意味的是，该画作在建筑物和人物角色之间建立起某种联系。如此，位于画作中央的圣母马利亚便与象征天主教堂的建筑物等同，以作为虔诚信徒的集会。同理，画中圣人

数学家皮耶罗

我们对皮耶罗·德拉·弗朗切斯卡的生平知之甚少。瓦萨里在《艺苑名人传》中写道：

被认为是皮耶罗·德拉·弗朗切斯卡的自画像

> 皮耶罗年少时学过数学，尽管他从15岁起便成了画家，也从未放弃过数学学习。……皮耶罗在艺术创作上非常刻苦，且十分通晓欧几里得的理论。他比任何几何学家都更加清楚规则形状中最优美的曲线，而最能清楚阐明这一点的便是他画笔下的作品。

　　皮耶罗于 1416 年出生于托斯卡纳的圣塞波尔克罗，其家境相对富裕，其父曾两次担任市政议员。与同样来自商人家庭的其他孩子一样，皮耶罗也曾就读于"算盘"学校，在此学习算术与几何的基本知识，以及代数学和会计学的粗浅知识。他对于绘画艺术的研究似乎是从在其家乡的一家画室做学徒开始的。再后来，他的绘画才能突破了当地环境的狭隘局限，他开始游历到佛罗伦萨等意大利的其他一些文艺复兴中心。他也曾到过罗马，并在那里为教皇庇护二世工作，不过当时保存在梵蒂冈宫内的由他创作的湿壁画不久之后便受教皇尤利乌斯二世的神谕而被摧毁，取而代之的是拉斐尔的作品。直至 20 世纪之前，人们对他的艺术作品都知之甚少，且几乎没有什么研究。20 世纪 90 年代，皮耶罗宏伟瑰丽的《真十字架传奇》（*History of the True Cross frescoes*）湿壁画得以修复，现保存于阿雷佐的圣方济各教堂。皮耶罗是圣塞波尔克罗同乡卢卡·帕乔利的良师益友，后者出现在其《帕拉·迪·布雷拉》画作中，化身为维罗纳的圣徒殉道者彼得。

　　皮耶罗晚年视力严重退化，但仍撰写了三部保存至今的数学巨著，这在前面章节已有所提及。根据瓦萨里的描述，皮耶罗还撰写过许多其他著作，但都已淹没在历史长河中。我们可以看出，皮耶罗除了是一名卓越的画家外，还是他所处时代的才华横溢的数学家。不知道这一点的话，我们便无法将皮耶罗·德拉·弗朗切斯卡的艺术作品作为一个整体加以理解，也无法彻底理解《帕拉·迪·布雷拉》这幅画作。

们的头部布局也对应于建筑物的肋形科林斯柱，而天使们则对应着用来装饰半圆形后殿的大理石镶板。用红色斑岩做成的正中央镶板是唯一一块我们能看到正面的镶板，正好处于圣母马利亚的后方。

最后，画作中的蚌壳形状，以及尤其是那个鸵鸟蛋，正好位于场景平面中圣母马利亚的头顶上方。教堂悬挂鸵鸟蛋这种做法似乎在当时是一种流行趋势，作为一种古玩珍赏，鸟蛋可以用来吸引信徒的注意力。同时在一些人看来，它还是处女贞洁的象征，在另一些人看来，它又是教堂本身的象征。

让我们从数学角度审视这幅画作，并且分析画作中可见的建筑物所容纳的空间。我们可以利用画作的对称性，先画左半部分的轮廓，然后根据镜像对称原理将其投射至右半部分。这种做法的结果大致可反映在下页的两幅图中：

我们可以看出，除画面右侧的一条窄带外，画中再现的建筑物几乎完全对称。左图中，这表现为从画框局限中突出的建筑物框线。我们从 1982 年开展的一项修复工程得知，原始画作有所修改，主要是删去了底座部分。

现在整幅画作的背部由 8 块木板构成，但似乎原本支撑木板的数量有 9 块。由此我们可以推测原始画作应该是现存画作高度的 9/8 倍。

如果我们仔细查看画作中两边的拱底，可以发现，它们无法与两端用透视法缩小了的造型相对应。所以，这里应该是另一个拱门的底座，平行于半圆形后殿的拱门和场景平面，这也

《帕拉·迪·布雷拉》画中建筑物的一半轮廓，附有消失点（来源：FMC）

通过建筑物轮廓的对称完成（来源：FMC）

在上面两幅示意图中有所呈现。画作两侧和上方的裁剪尺度更小，很可能是因画作搬运过程中边缘的自然磨损造成的，而画作底部的裁剪则是因为整块支撑木板被卸掉了。

初始尺寸的重构：一个假设

这幅作品现存画板的尺寸为 170 厘米 ×250 厘米。如果我们将其高度增加现高的 1/8，则画作尺寸变为 170 厘米 ×281厘米，这还没有考虑到两侧或上边缘的任何裁剪。我们至少可以合理地假设，画作被交付给木工时，其特定尺寸也给了木工，而且我们已经知道，当时所使用的衡量单位是佛罗伦萨布拉乔，相当于 58.36 厘米。

用佛罗伦萨布拉乔这一衡量单位表示的话，画作的宽度几乎刚好是 3 个布拉乔（即 175.08 厘米），将该宽度乘以黄金数字 Φ，则变为 283.29 厘米。这种数学上的巧合使得该假设颇具可行性。在此情况下，原始画框可能是一个宽度为 3 个佛罗伦萨布拉乔的黄金矩形，其总体高度被从底部裁剪了约 1/8，此外上边沿还被裁剪了几厘米，两个侧边也有裁剪痕迹，右侧裁剪得稍多一些。以上可以如下图表示：

《帕拉·迪·布雷拉》画作的可能原始尺寸，构成了一个黄金矩形，宽度为 3 个佛罗伦萨布拉乔（175 厘米 × 283 厘米）。根据这一假设，现存画作的高度可能被缩减了 33 厘米，宽度被缩减了 5 厘米（来源：FMC）

皮耶罗·德拉·弗朗切斯卡的《帕拉》的空间

　　皮耶罗·德拉·弗朗切斯卡在其《绘画透视学》中描述的数学透视法在其作品《帕拉·迪·布雷拉》上达到了巅峰。让我们试着解构皮耶罗所遵循的画法步骤，并以此来重构画中出现的空间。

　　透视法再现的过程并不总是可逆的，因为要做到这一点，就必须使用特定资源并收集所呈现事物的数据。首先，必须找到一个垂直于图像平面的正方形，也就是说，该正方形与地板平行。如此我们便可测量画作的平行平面，并确定观赏视角，也就是观赏者应处于的最佳位置，从此距离能够看见最逼近真实的画作透视角度。我们也将能够确定画中人物在地板上相对于彼此的位置。

圣母马利亚的台座

　　让我们来看一下圣母马利亚的宝座所处的台座或平台。台座上覆盖了一层毯子，我们复原了该毯子的全貌，毯子边沿装饰有星形图案，中央有一个八角星图案，该图案由两个交错组合的正方形构成，两个正方形刚好呈 45° 角。如果我们审视该八角星的顶点，可以发现这些顶点与边沿装饰形状的距离显然一致，这种对称性使我们有理由推测该毯子是正方形的。但是，若再仔细查看毯子的话，则发现其装饰性边沿完全悬垂于

《帕拉·迪·布雷拉》中圣母马利亚宝座下的毯子重构图（来源：FMC）

台座的前方，而在台座的两侧，该边沿却至少有一半处于台座之上。这不禁使我们联想该台座为矩形。然而，当再仔细查看毯子与司祭席底面相连之处时，又发现毯子无法在后面垂下。因此台座和毯子应该都是正方形的，垂落于前方的部分应该多于两侧的部分。如此，我们便可以得出结论，圣母马利亚是坐在一个正方形台座上的。

圣母马利亚脸上的消失点

通过延长垂直于绘画平面的直线并观察其交叉点，我们

圣母马利亚的台座被划分为四个方块（来源：FMC）

可以清楚地看到位于圣母马利亚脸上的消失点。我们可以看到与半圆形后殿相邻的檐口线条——该线条在画中左侧有所表现——和圣母马利亚所处台座的一条边相邻。上图中，消失点以字母 O 标记。

将圣母马利亚的台座均分为二的对称轴

这一点再清楚不过了，因为台座的前边沿与绘画平面平行，并且穿过台座中心点以及消失点的直线（即对称轴）将该边沿一分为二。

把台座一分为四

画一条台座的对角线，并画一条经过该对角线与中轴线交叉点且平行于前边沿的另一条线。换言之，在已知 *ABCD* 为正方形的情况下，我们画一条对角线 *AC*，该线与中轴线交于点 *P*，通过画一条经过点 *P* 且平行于 *AB* 边的直线，我们便得到线段 *MN*。四边形 *ASPM*、*BNPS*、*CQPN* 和 *DMPQ* 都是大小相等的正方形。

格子地板

接下来在这些正方形内画出对角线，便可在地板上得出一个正方形网络，其结果如下页图所示，通过将圣母马利亚的台座作为模板，我们便可在司祭席地板平面上创造一个网格结构。

衡量空间

准备工作都做好后，我们得以衡量各空间的距离。通过将圣母马利亚的台座作为衡量标准，我们可以看出，施洗者圣约翰，也就是左手边的第一位圣人，其身高约为台座边长的3/2。如果我们假定该圣人身高为 175 厘米，则台座的边长应为 116.7 厘米，即大约 2 个布拉乔。

《帕拉·迪·布雷拉》中的格子地板（来源：FMC）

　　画作其余空间的完整尺寸用布拉乔表示大约如下：中殿宽度为 8 个佛罗伦萨布拉乔。我们可以将可见长度划分为若干个部分；离我们最近的部分是从初始画作的边缘到司祭席的末端边线，宽约 6 个布拉乔。从司祭席边线和最近的线到中殿与十字架相交的地方是一个正方形，其边长为 8 个布拉乔，而中殿相交点所构成的正方形边长也是 8 个布拉乔。装饰有镶板的拱顶下方的空间长为 10 个布拉乔，宽为 8 个布拉乔，半圆形后殿深度则稍大于 2 个布拉乔。因此，整个实际空间应该要比看上去的更深，而在宽度和高度上则没有看上去的那么令人印象深刻。

画作试图再现的实际空间出乎意料。例如，中殿的宽度可能仅有 467 厘米。上方悬挂的鸵鸟蛋与圣母的水平距离应为 26 个布拉乔，也就是约 15 米，其直径应为 23 厘米，这也证实了它就是一个鸵鸟蛋，一个较大的鸵鸟蛋。

"半圆形"后殿并非半圆形

如上所述，后殿的深度稍小于 2 个布拉乔，宽度为 7 个布拉乔，这是因为界定该后殿的拱门为半个布拉乔宽。因此，后殿应为半椭圆形，其长短轴分别为 7 个和 2.15 个布拉乔，这意味着该椭圆刚好可以被放入一个黄金矩形中。

圣母身高两米

我们已将施洗者圣约翰的身高设定为 1.75 米，而圣母与施洗者圣约翰基本处于同一平面上，该平面与绘画平面平行。坐在椅子上的人的身高会看起来比实际矮约 20%，而该比例的变化与椅子的高度关系不大。由于圣母的头部甚至高过了圣人

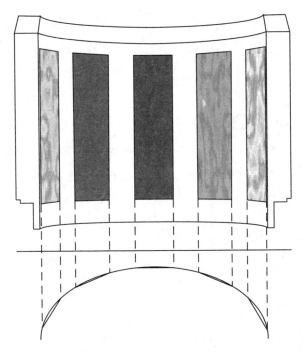

《帕拉·迪·布雷拉》中的后殿重构图（来源：FMC）

们的头部，再考虑到圣人们所处平面比圣母要低 15 厘米，所
以根据画中比例可以推测圣母的直立身高应为 2.08 米。与圣
人们相比，圣母的体形超乎寻常的巨大，尽管第一眼看上去并
不明显。皮耶罗遵从了中世纪的绘画传统，依据画中人物的级
别来确定其身高体形。相形之下，天使们则非常矮小，仅为 1.5
米左右。

重构地板

现在我们可以来重构《帕拉·迪·布雷拉》这幅画中的地板空间了，根据以上数据，该地板应该大致表现为左图。如前所述，该空间的维度出乎我们意料。整体空间事实上相当大，深20米，而其宽度则几乎与普通家庭房屋无异，最宽不超过5米。

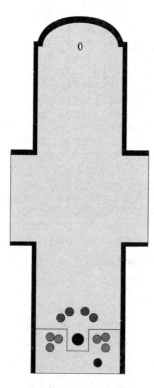

中殿地板重构图（来源：FMC）

视点的确定

皮耶罗·德拉·弗朗切斯卡写作《绘画透视学》的时期与创作《帕拉·迪·布雷拉》的时期相同。通过反转他所确立的规则，我们得出页下示意图。该示意图将视点定为大约5.8米远，也就是10个佛罗伦萨布拉乔。

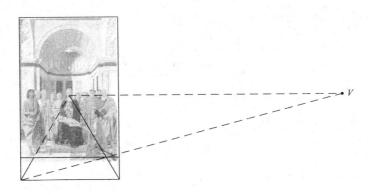

确定视点（来源：FMC）

　　上面这幅示意图揭示了皮耶罗对人眼所施展的戏法之一。初看上去，鸵鸟蛋似乎悬挂于圣母马利亚头部正上方，但事实上该鸵鸟蛋距离圣母相当远，大约有 26 个佛罗伦萨布拉乔，也就是大约 15 米。

　　显然，我们的示意图无法展示原始画作中没有提供信息的部分。例如，我们无法计算出横向中殿的长度，因为在画作中我们只能看见拱底。

　　我们也没有任何关于主殿总长度的信息，因为从观赏者的角度看来，主殿的主要部分都位于其身后。这种视觉局限确定了垂直于该中殿的垂直平面，也就是绘画平面。但这种信息缺失不是绝对的，通过观察某些细节，我们还可以发现大量容易被忽视的隐藏信息。

　　第一次看画作时，我们倾向于将画中人物置于十字交叉线上，并会认为照亮人物的光线来自横向中殿的左侧。然而，当我们分析实际情况并对教堂地板和人物位置进行重构时，就发现上述这一点是不可能的。

因此，画作中一定有两处不同的光源。其中一处就是照亮半圆形后殿和蚌壳的光线，这束光线的确来源于横向中殿的左侧。另外一处照亮画中人物的光线不可能来源于横向中殿的左侧，这是因为十字交叉线位于人物身后。因此，这束光线肯定是不同的光线源，来源于位于我们视野范围之外、身后的某一点，可能是来源于主殿左侧的某扇窗户。实际上，在公爵所穿铠甲的肩片部位，我们可以清楚地看见这扇窗户，更确切地说，是铠甲反射的窗户的影像。由于肩片形似具有垂直轴线的圆筒，那么该形状为矩形且有着半圆形顶部的窗户，必定位于主殿的左侧墙壁，也应当的确是照亮画中人物的光线来源。

此外，如果我们仔细查看公爵身穿铠甲的后背部分，可以依稀发现另一扇窗户的存在。这扇窗户应该位于中殿另一侧墙壁，与先前那扇窗户遥相对应。这扇窗户看起来更加暗淡，这是因为它位于整个建筑物背阳面的墙上，也就是位于中殿的右侧。在铠甲上两处窗户的反射影像之间，可以看见一处更难辨识的暗区。这块区域应该是教堂的尽头，可能连接着教堂主大门，位于我们也就是观赏者的后方。

光线、位置、一年中的时间和一天中的时间

来自左侧的光线引出了一个问题，许多研究了这一照亮整

蒙泰费尔特罗铠甲的肩甲和后背部分的近距离特写，可以辨析出两处窗户的反射像。位于中殿左侧的窗户光源非常明亮，而右侧的窗户则光线暗淡，在两处窗户之间，中殿向黑暗的尽头延伸，位于观赏者的后方

幅场景且通过两扇不同窗户进入教堂的神奇光线的批评家纷纷持这样一种观点，即认为该光线是被人为加入，或者是画家臆想出来的。如果教堂位置得当的话，也就是说半圆形后殿是指向东方的话，那么观赏者的右手边就应该是南方，因此，光线绝不可能从场景的左侧照进来。接下来我们将会表明，两种论述都是值得商榷的。

我们并不知道皮耶罗是否基于某个现实中的教堂来创作这幅作品，但是我们可以假设他至少是受到了乌尔比诺建筑物的启发。因此，尽管画中场景可能只是出于他的想象，但也有可能位于该城市附近。目前考虑到画中建筑物那狭小的空间，我们应该最好称之为小礼拜堂而不是大教堂。这样一来，我们便可认为该礼拜堂位于蒙泰费尔特罗所在的城市。位于乌尔比诺中心的公爵宫的地理位置是北纬 43°43′26″，东经 12°38′13″。

　　在以上经纬度，若教堂建造方位得当，光线从教堂右手边进入，那么到了正午举行最大规模的弥撒时，阳光会从十字形状的教堂右侧射进来，并在圣祭期间照亮圣坛。但是，与地球赤道平面的黄道倾斜 23°30′ 则意味着，在冬日里，太阳升起时稍偏向东南方，日落时稍偏向西南方。夏天则情况相反，太阳升起时稍偏向东北方，日落时稍偏向西北方。如果我们观察投射入半圆形后殿的光线（如下图中细节所示），可以看出光线照亮了鸵鸟蛋，并将拱门的左半部分投射在了蚌壳上。拱顶上的镶板被穿过拱门的光线照得光彩夺目，该光线几乎与镶板垂直。

　　下图中，我们可以体会到，为了使太阳光能够照射在鸵鸟蛋上，其照射角度与南北轴线之间的角度应为约 70°。

　　因此，如果我们研究一下乌尔比诺所在经纬度的日落情况的话，就会发现，该地在一年中某个短暂时期里最后一缕阳光的角度小于或等于 70°。该时期极为短暂，仅为一周左右，

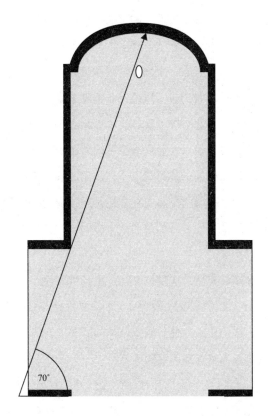

光线进入建筑物内并得以照亮悬挂于半圆形后殿上方的鸵鸟蛋的角度（来源：FMC）

大约是夏至前后，具体来说是 6 月 17 日—25 日。因此在这段时间里，对于一个方位建造得当的教堂来说，太阳光刚好以这个角度射入，照亮鸵鸟蛋，并将拱门投影到蚌壳上。此外，该过程在上述日期里仅在日落前持续若干分钟。

我们可以有好几种方式来证实以上论述。首先就是通过再次审视画作中拱门在蚌壳上的投影。该投影曲线的最高点大致位于蚌壳的右侧。如果我们来测量该点与原始拱门相比下降了多少的话，就会发现，并未下降多少，仅稍长于拱门半径的四分之一，也就是稍长于一个佛罗伦萨布拉乔。即使不进行细致的三角函数计算，我们也可以说，从感觉上来看，该光线近乎一条水平光线，刚好对应于日落前短暂的黄昏时分的光线。

因此我们可以说，在允许有少量误差范围的前提下，如果我们假设皮耶罗画作的场景是位于乌尔比诺的一座建造方位得当的教堂，无论该教堂是真实存在还是画家虚构出来的，画中所画场景应当发生于 6 月的最后一个星期，大约晚上 7 点，也就是日落前不久。

另一个结论是，为了使以上论述更具可能性，假设的横向中殿两处分支必须明显缩减至 2.5 个佛罗伦萨布拉乔的尺寸。同样，在该横向中殿左侧、教堂西侧的墙壁上，应该也有一处窗户，其位置大致在前面这幅示意图中 70° 角的顶点处。

最后，充满整个场景的神秘微光使我们注意到一个浅色圣坛或者说是一个被覆盖以浅色布料的圣坛的存在。该圣坛就位于半圆形后殿里，隐藏于占据了整个场景的人物身后。我们

司祭席左边造型上的光线反射

可以看到，由该圣坛反射的光照亮了司祭席左边造型的下半部分。

三维空间的《帕拉·迪·布雷拉》

为了给《帕拉·迪·布雷拉》这幅画作的数学分析画上一个圆满的句号，也为了汇总我们至此发掘的所有信息，我们根据可以从画作中推导出来的信息，再加上一些艺术家的想象，对画作中的场景进行了大致的 3D 建模。

　　该3D模型以及所示人物的尺寸即为我们在前文中计算出来的数据。建筑所在的位置被设定为乌尔比诺的地理坐标，画中各种图像上可见的光线和阴影对应于乌尔比诺6月21日晚上7点15分的光线。

　　模型中我们并未将中殿延伸出绘画平面，因此前述的窗户，也就是能在公爵所穿铠甲的肩甲和后背部分看见其投影的窗户，在该模型中并未展现。尽管如此，该模型中照亮人物的光线也大体来自同样的方向。

　　我们对该3D模型做了9幅不同视角的展示图，每一幅的光线来源都是一样的。

视角 1

视角 2

　　第一幅图与皮耶罗的画作非常类似，鸵鸟蛋看起来就悬挂于圣母马利亚的头顶正上方，且整幅画的对称轴即为中轴线。

　　第二幅图展示了从遥远处观看整个模型的情况。

视角 3

第三幅图显示了从飞檐高度观看的拱门，也就是画作中两个中殿交叉处的顶点之一。

第四幅图为从位于鸵鸟蛋后方的稍高视角俯瞰的示意图，画中人物背对观赏者。

第五幅图（以及第七幅图）从稍高的前方视角俯瞰，这样刚好可以看出鸵鸟蛋与人物的实际距离。

视角 4

视角 5

141

视角 6

视角 7

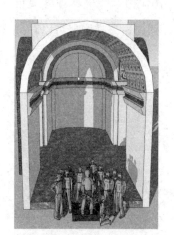

视角 8

视角 9

第六幅图则刚好处于相反的方向。

　　第八幅图的视角稍高于第一幅图，这样使我们更能感觉出中殿的深度。

　　最后，在第九幅图中，我们想要提供一个与原始画作刚好相反的视角。观察视角被置于半圆形后殿飞檐的中心点，但对称性得以保留。处于前景部分的鸵鸟蛋看起来正好悬挂于圣母马利亚的头顶上方，因为近大远小所以显得硕大无比，几乎填满整个拱门，而画中人物刚好位于拱门的下方。

　　我们已试图对皮耶罗·德拉·弗朗切斯卡这幅精美绝伦的画作展开某些层面的分析。毋庸置疑，我们的这些思考，即使是从数学视角展开，也只是众多可能的分析方法中的一种。在这一思考过程中，我们似乎也能感受到这位数学家和画家的心路历程，他在构思画作的空间、物体、人物和照亮所有这些内容的光线时，没有放过任何一个细节。

　　对于贴在画布想发掘画中奥秘的人而言，画家的视觉手法对他们开了个小玩笑，正所谓"差距产生美"。当我们了解了皮耶罗的艺术语言，发现了其艺术手法的奥秘，并从数学的角度欣赏其艺术作品时，作为一个凡人的皮耶罗，与我们的距离也更近了一步。

第四章

数学之眼看埃尔·格列柯、苏巴朗和委拉斯凯兹

在本章中，我们将分析 17 世纪初三位伟大画家的三件作品，这三位画家分别是：埃尔·格列柯 [El Greco，本名多米尼克斯·希奥托科普罗斯（Doménikos Theotokópoulos）]、弗朗西斯科·德·苏巴朗（Francisco de Zurbarán）和迭戈·委拉斯凯兹（Diego Velázquez）。

埃尔·格列柯和第四维度

埃尔·格列柯于 1598 年左右为马德里的马利亚·德·阿拉贡学院（College of María de Aragón）创作了《基督受洗图》（*The Baptism of Christ*）。这是一幅宏大的作品，尺寸为 350 厘米 × 144 厘米，可被划分为两个部分。画作的下半部分，施洗者圣约翰正用一个蚌壳将来自约旦河的圣水淋在耶稣基督的头上；画作的上半部分，上帝被一群天使、天使长和少数几个小天使环绕着，从天堂里注视着基督受洗的情景，并为之感到欢欣愉悦。耶稣基督的头顶上有一条象征着牺牲的红色毯子、受

147

洗蚌壳和一只位于画作中心焦点并联系画作上下半部分场景的鸽子。这幅画作曾多次在世界各地展出，现为马德里普拉多博物馆永久性珍藏品的一部分。

1596 年，埃尔·格列柯被委托为奥古斯丁修会的修道院和神学院德拉·恩卡纳西翁（Colegio de la Encarnación）创作装饰画。在该神学院近 200 年的鼎盛时期里，其赞助人为多纳·马利亚·德·科尔多瓦和阿拉贡，后者是西班牙国王腓力二世之妻、王后奥地利的安娜（1549—1580）的宫女。腓力与伊莎贝拉·德·瓦罗亚（Isabel de Valois）之女即为奥地利公主伊莎贝拉·克莱拉·尤金妮亚（Isabel Clara Eugenia of Austria，1566—1633）。该神学院位于马德里东北部的西班牙君主官邸，即皇家阿尔卡萨城堡附近。

如果说用阿拉贡的赞助金修建的建筑构成了这座修道院的躯体的话，那么阿隆索·德·奥罗兹科修士（Friar Alonso de Orozco，1500—1591）则负责维护其精神和名誉。这名修士是腓力统治时期最著名的知识分子之一，伊莎贝拉·克莱拉·尤金妮亚公主、作家洛佩·德·维加（Lope de Vega）、弗朗西斯科·德·戈维多（Francisco de Quevedo）以及其他人一道担任了奥罗兹科修士的宣福礼见证人，教皇约翰·保罗二世在 2002 年将他封圣。

阿隆索·德·奥罗兹科或许是埃尔·格列柯所接受的委任工作背后的精神和智力启迪者。并且，毋庸置疑，在当时那个年代，这是一份十分重要的委任工作，不仅由于该神学院所处

埃尔·格列柯于 1598 年左右创作的《基督受洗图》，现存于马德里普拉多博物馆

位置，而且由于负责此项工作的艺术家的名声以及丰厚报酬。收取了一大笔里亚尔 ① 后，格列柯欣然完成了这幅圣坛作品。该作品当时由 6 块画板构成，每一块都很大，并有一块支撑结构以作为边框，可惜的是该支撑结构现已遗失。画作还包括一些雕刻作品以及第 7 块更小一点的画板，这块画板曾位于画作其余画板上方的中心位置，不过现在也已遗失。

————————————

① 里亚尔为当时西班牙的一种货币单位。——译者注

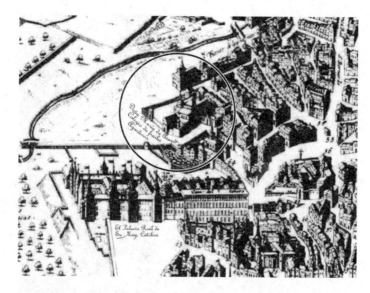

马德里的多纳·马利亚·德·阿拉贡学院，又名德拉·恩卡纳西翁

　　修道院于 1809 年由何塞一世（即约瑟夫-拿破仑·波拿巴）的一纸法令而关闭。1814 年，由于该建筑被改造成法庭，对其矩形楼面进行了改造，这幅圣坛画因而被拆卸。尽管该建筑曾短暂恢复了其作为教堂的功能，但该圣坛画却再没有被安放于此。画作组件曾散落四方，直至最终被马德里普拉多博物馆汇集收藏，现在只有《牧羊人的朝拜》（Adoration of the Shepherds）一幅画藏于布加勒斯特的国立罗马尼亚艺术博物馆。

　　埃尔·格列柯于 1596 年—1600 年在其位于托莱多的画室里创作了这幅画，画作一完成就被送到该修道院里。尽管本作体现的是在基督教画像中非常普遍的主题，但也表现出了绝对的创新性。下图中底排的三幅画均展示出双重场景：凡间与天堂，天堂位于人间上方。这三幅画的场景构成均朝绘画平面的中心汇集，恰似一个沙漏形状。在《圣告图》（*The Annunciation*）和《基督受洗图》这两幅画中，画板中心的交集处均由化身鸽子的圣灵所占据。从画作构成角度来看，这一手法将神灵和凡人融合了起来。

马利亚·德·阿拉贡学院存放的埃尔·格列柯祭坛画的最初可能摆放模式

正六面体和四维立方体

规则正六面体，也就是众所周知的立方体，是最常出现在学校画板上的多面体。该形状在数学上的通常表现形式为下页图中的图1，即两个相互平行隔开并由四条线段连接的正方形，也就是立方体如何形成的结构图。如果一个正方形的构成是通过将一条（直线）线段在垂直于该线段的维度上平移与该线段等长距离的话，那么立方体则可通过将一个正方形在垂直于该正方形所在平面的维度上平移与该正方形边长等长的距离而构成。立方体也可认为是将一维的正方形朝着垂直于其所在平面方向移动而成。将以上理念推而广之，我们可以讨论四维（4D）立方体，也就是超立方体，其构成是通过将一个立方体在与其正常空间内的三个维度上平移与其边长等长的距离产生的。

无论如何，我们常用来视觉化立方体（图1）的倾斜式透视表征方法不是唯一的方法。在图2中，我们可以看到中心锥体透视的表征方法，即当我们将眼睛足够靠近立方体的其中一个面，且立方体为透明时所看到的立方体的形象。图3展示的则是等距透视方法下的立方体。交会于同一个顶点的三个面（图4）在该立方体的平面表征中看起来是菱形。

针对四维立方体，我们也可以进行同样的操作。图5展示的是四维立方体的锥体投影的3D表征。图6是四维立方体在三维空间中的等距投影。可以看到其各个面均为菱形，外部看来仅有十二个面，因为其余各面均在其内部，这也就是菱形

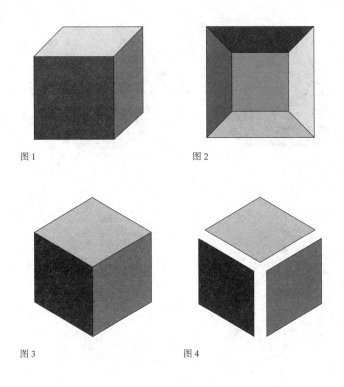

图 1　　　　　　　　　　　　　图 2

图 3　　　　　　　　　　　　　图 4

（来源：FMC）

十二面体的构成途径。这与我们在图 3 中看到的类似，即仅能看到立方体六个面中的其中三个面，因为其余三个面都位于本书纸张平面的背面。图 4 所表征的立方体中，有三个面都交会于同一个顶点，而在四维立方体中，有四个立方体交会于同一个顶点（图 7）。最后，图 8 试图展示的是两个互相垂直且有一面完全重合的立方体，这就相当于立方体的两个相邻面互相垂直，且有一条边完全重合。

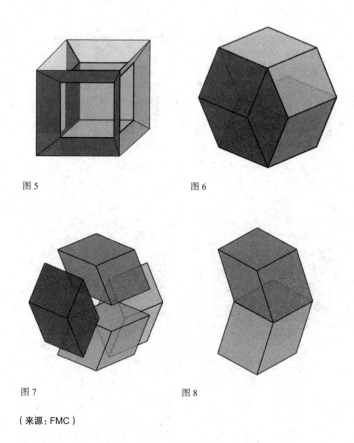

图 5 　　　　　　　　　　　　图 6

图 7 　　　　　　　　　　　　图 8

（来源：FMC）

　　由于本书的页面是平面的，因此我们所看到的图像均为该四维立方体的 3D 投影的 2D 投影。不过这倒也不成问题，如果读者想要以三维形式观看这些图像的话，那么各位所需要做的就是复印下页图像并耐心地将其组装起来，成品就是四维立方体的 3D 投影，而这在本书中仅能以二维形式呈现。这样做也有助各位对变化的维度的"生成"过程有所了解。这种做法（同样也是有趣的）对于理解"抽象化"这一理念再好不过。

　　至此，读者可能想知道，立方体和四维立方体与埃尔·格列柯的《基督受洗图》有什么关系呢？这个问题的答案具有一丝隐喻性，但也充满了数学意味，我们将在下面进行阐释。

四维立方体在三维立体上的圆锥投影的展开图样（来源：FMC）

155

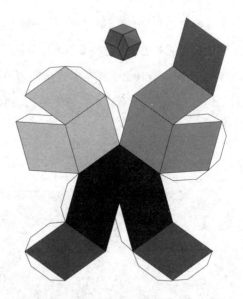

四维立方体的 3D 等距投影的展开图样（来源：FMC）

如果以数学家的眼光审视这幅画作，将会发现画作上下部分所描绘的场景的视角有区别，在某种程度上，这上下两幅场景正如两个有一面重合且互相垂直的立方体，各自代表天堂与凡间。埃尔·格列柯将这两个场景以彼此隔绝的 3D 实体形式呈现给我们，一个位于上方，一个位于下方，但两者有一个共同的正方形接触面使彼此联系，那就是圣灵所在的平面。

因此，埃尔·格列柯关于宇宙的理念可被认为是一个有着至少四个维度的空间，在该空间内，我们的 3D 宇宙是一个构建于三条互相垂直的轴线的超平面，正如立方体的三条边线汇集于一个顶点。天堂是另外一个独立的 3D 实体、另外一个超平面，

埃尔·格列柯《基督受洗图》中两个透视投影图布局

在同样的 4D 空间中与我们所在的世界横向相隔。天堂和凡间就是同一个四维立方体中两个相邻的超平面，共享一个平面，该共享平面由神性的第三个表现形式，即圣灵所占据。由于圣灵是一个纯粹的无形实体，因而可以存在于该平面内。

不过，我们无法确定埃尔·格列柯是否在构思其作品时就想到了四维空间，但是根据奥罗兹科修士留下的手稿，我们可以得出，或许画家曾受修士影响，在脑海中浮现过我们今天称之为四维空间的虚拟形象。

并且，由于数学在抽象过程中所做的不过是从现实走向表征现实的隐喻，所以我们还可以以这样一种方式来看待这幅画作，这也有助于对作品的解读，那就是从神秘主义，即宗教的视角来解读，以及从几何，即塑形学的视角来解读。因此，埃尔·格列柯作品中典型的被拉长的人物形象便可以通过投影方式来加以修正，这类似于在等距投影立方体时，其正方形面被转变为纤细的菱形。

如果埃尔·格列柯的想象力察觉到了以上理念的话，那么毋庸置疑，这是因为作为一名画家，无论他是不是以数学之眼来创作的，其心思无疑都是处于"另一个维度"的。

苏巴朗绘画作品中的变形

我们现在来分析弗朗西斯科·苏巴朗的画作《防御英国

的加迪斯国防部》(*The Defence of Cadiz Against the English*)，这幅画被委托创作出来以装饰布恩·雷蒂罗宫（Buen Retiro Palace）的王国大厅。该大厅里悬挂有 12 幅描绘腓力四世执政期间发动的战争的画，均由当时最负盛名的西班牙画家创作，其中一幅是由委拉斯凯兹创作的《布列达的投降》(*The Surrender of Breda*)，又名《长矛》(*Las Lanzas*)。配景图包括由苏巴朗创作的描绘古希腊英雄赫拉克勒斯日常生活的 10 幅作品，以及由委拉斯凯兹创作的腓力三世和妻子骑马像、腓力四世和妻子骑马像以及巴尔塔萨·卡洛斯王子（Prince Baltasar Carlos）肖像画。

自从马德里取代托莱多成为西班牙的新首都后，西班牙王室便居住在皇家阿尔卡萨城堡。皇家阿尔卡萨至今仍是西班牙皇宫所在地，不过其原址已于 1734 年新年前夕被一场大火毁掉。宫殿最初是由科多巴·埃米尔·穆罕默德一世（Cordoban Emir Muhamad I）于公元 9 世纪修建的摩尔人城堡。皇家阿尔卡萨随后在卡斯蒂利亚的亨利二世、查理五世和腓力二世时期经历过数次翻修和扩建，尤其是在 1561 年后，腓力二世决定将其宫廷永久迁移至马德里。腓力三世继续对宫殿进行现代化翻修，但在其去世后，其继承者腓力四世想要拥有一处更舒适且不那么潮湿的寝宫，并打算逝后安葬于此，于是便萌生了在马德里东郊修建一处新宫殿的想法。该宫殿修建在一处名为埃尔普拉多的区域，邻近曼萨纳雷斯河河岸。

这项修建工程被委任给拥有奥里维瑞斯伯爵（Count of

Olivares）和桑路卡·拉马尤公爵（Duke of Sanlúcar la mayor）双重头衔的加斯帕·德·古兹曼·尹·皮蒙特尔（Gaspar de Guzmán and Pimentel），也就是著名的奥里维瑞斯伯爵-公爵，很可能是此人对修建工程进行了选址和规划。腓力二世希望将该新宫殿作为杰若尼莫修道院（cloister of Jerónimos）回廊的附属建筑。因此，宫殿就不得不尽快修建，且奥里维瑞斯允诺将于 1634 年完工。阿隆索·卡尔波尼（Alonso Carbonel）被任命为工程的总建筑师。

很快一座新建筑拔地而起，成为一处名副其实的宫殿。该宫殿有用于宫廷接待之用的偌大庭院，也使得先前的旧宫殿相形见绌。卡斯蒂利亚王国财富的减少意味着用于修建宫殿的材料并不是特别出众。为了弥补这一点，修建者认为宫殿内部应装潢华丽，用最精良的家具、最美轮美奂的挂毯，以及由该时期最闻名遐迩的画家创作的有关西班牙的绘画作品。

尽管留给宫殿内部装潢的时间很短，奥里维瑞斯的修建工程仍如期得以完工。他委任了西班牙画家作画，甚至还从贵族家族征用了家具和其他用品。贵族们尽管不大情愿，但最终也将这些物品拱手奉上。

布恩·雷蒂罗宫最具象征性的房间被称为王国大厅，其命名来由是腓力四世统治的 24 个王国的彩绘盾牌，被用以装饰大厅墙壁。该房间被当作觐见大殿，国王在此接见使臣和王公贵族。当时的想法是将房间装饰以描绘皇家军队在各处打胜仗的画作。王国大厅是一处偌大的矩形房间，室内尺寸

约为 10 米 ×30 米，占据宫殿的其中一翼。房间内悬挂有 12
幅由当时最卓越的画家创作的有关战役的画作，这些画家包
括委拉斯凯兹、马伊诺（Maíno）、苏巴朗、朱斯普·莱昂纳
多（Jusepe Leonardo）以及卡荷斯（Cajés）。房内还装饰有
其他各种题材的绘画作品。绝大多数作品现今保存于普拉多
博物馆。

画中描绘的战役持续的时间极其短暂，战果也被时任政权
夸大了不少，随着时间的流逝，从政治和历史的角度来看，这
些战役都显得无关紧要。这些宏伟瑰丽的画作描绘的战役也经
常被最伟大的剧作家进行戏剧化渲染，长存于其戏剧作品中。

比如，1625 年 6 月 2 日，布列达城内被围困的士兵们在
来自拿骚城的贾斯汀（Justin Nassau）的率领下，向巴尔贝斯侯
爵（Marquis of the Balbases）安布罗吉欧·斯宾诺拉（Ambrogio
Spinola）投降。同年，卡尔德隆·德·拉·巴尔卡（Calderón
de la Barca）的剧作《围攻布列达》（*The Siege of Breda*）首度

王国大厅

除了现今已是马德里普拉多博物馆一部分的布恩·雷蒂罗
公园大宅外，布恩·雷蒂罗宫旧址所遗留下来的所有建筑目前
都位于俯瞰大庭院的一翼，也就是环绕庭院的正方形建筑四
个边中的一边。该址直至最近才成为军事博物馆所在地，未
来也将成为博物馆建筑的一部分，王国大厅位于该建筑内部。

亮相，该剧高潮部分即为移交城门钥匙的场景：

贾斯汀：

城门钥匙在此，

但我要说，

迫使我交出钥匙的，

不是对死亡的恐惧，

因为死亡只会减少我的痛苦。

斯宾诺拉：

贾斯汀啊！

在此我接受城门钥匙。

我知道你英勇无比，

正是那被征服者的勇猛，

成就了征服者的威名。

愿腓力四世的统治万世无疆，

并谨以陛下的名义，

希冀胜利接踵而至，

我亦将一如既往地，

欣然承接光荣。

毫无疑问，这戏剧性的一幕后来将激发委拉斯凯兹创作《布列达的投降》。

布恩·雷蒂罗宫王国大厅中《布列达的投降》和《防御英国的加迪斯国防部》两幅画最初的布局安排（来源：FMC）

描绘战役

另一幅被委托创作以装饰王国大厅的描绘战役的画作是弗朗西斯科·德·苏巴朗的《防御英国的加迪斯国防部》。这幅油画的画布尺寸为 302 厘米 × 323 厘米，现收藏于普拉多博物馆。

1625 年 11 月 1 日，一支由 100 艘船和 1 万名士兵组成的英国海军舰队，在温布尔顿子爵（Viscount Wimbledon）爱德华·塞西尔爵士（Sir Edward Cecil）的指挥下，袭击了加迪斯城。负责守卫城池的是费尔南多·吉隆（Fernando Girón）和庞塞·德·莱昂（Ponce de León），后者曾是一名战争顾问，并自愿担任腓力四世统治时期的加迪斯总督，尽管当时他身患痛风，几近残疾。苏巴朗因此在画中将他刻画成坐在椅子上，向手下的战地中尉迪选戈·德·鲁伊兹爵士（Sir Diego de Ruiz）发号施令。梅迪纳·西多尼亚公爵（Duke of Medina Sidonia）及安达卢西亚军事长官胡安·曼努埃尔·佩雷斯·德·古斯芒·伊·席尔瓦（Juan Manuel Pérez de Guzmán y Silva）也参与了守卫任务。他或许就是画中的黑衣绅士，衣上印有圣地亚哥十字架，站在吉隆所坐的椅子后。

到了 11 月 8 日早上，战役逐渐有利于卡斯蒂利亚一方。英军士气低落，且被将领严厉训斥，便弃战场而去。与布列达的事迹一样，卡方壮举被罗德里戈·德·埃雷拉（Rodrigo de Herrera）写入了剧作《信念无须武装，英军逼近加迪斯》（*Faith has no Need for Arms and the Coming of the English to Cádiz*）中。

这幅人物肖像画的细节描绘十分生动，无疑是由于画中所纪念的事件在画作创作者和画中主人公的脑海中记忆犹新。国王和奥里维瑞斯当然清楚事件涉及的人物，因此，画作必须得实现一系列功能，包括集体肖像画。不过与此同时，画作的构图似乎有些奇怪。画中的两个平面，即人物角色所在的第一平面和身后背景地貌所在的第二平面，似乎互不搭配。可以这样认为，画作展示的是戏剧舞台般的一幕，也就是舞台上的人物角色和未用深度感加以描饰的作为背景的平面地貌。此外，画中人物皆为梨形身材。

在现今收藏此画的普拉多博物馆中，画作占据了一个小房

弗朗西斯科·德·苏巴朗创作的《防御英国的加迪斯国防部》，现收藏于马德里普拉多博物馆

间里的一整面墙，离地面只有不到 0.5 米。画中呈现的一切给人一种创作构思不佳的感觉，似乎苏巴朗不曾掌握良好的透视画法。实际上，这也是许多批评家在凝视画作时做出的评论。

以数学角度来审视这幅画作，我们可以得出，或许出现这种差异的原因在于这幅画在博物馆中存放的位置。苏巴朗对这幅画的创作手法丝毫不拙劣。与此相反，这位伟大的画家故意将画中绘图做了变形处理，这样一来，一旦画作被放置于创作之初画家身处的同样场所，视觉变形就能得到补偿，从而呈现出完美图像。

数学之眼看《防御英国的加迪斯国防部》

我们在此提出的第一个假设是，之所以这幅画有以上种种问题，是因为其创作初衷是以较高位置悬挂，我们可以根据线索来确定具体高度。如果我们将一个矩形放置于高处并聚焦其中心，那么该矩形在视觉上就会成为等腰梯形。这种变形程度将取决于我们放置该矩形的离地高度 h 以及观赏者距离画作的观察距离 d。考虑到画作的尺寸，d 值据估计为 4.5 米。这就使得 h 值取决于梯形的上边和其高度在 h 的基础上缩减了多少。通过一系列三角函数运算，不难得出根据 h 值算出的近似量级。这些运算使我们得出如下结论：画作初始悬挂高度使其下边框与观赏者的眼睛平齐。但是，正如我们将看到的那样，通过一系列几何运算，推理变得更加容易。我们将从这一假设出发，并试图通过实验加以验证。

我们来假想一下，我们正身处布恩·雷蒂罗宫的王国大厅，站在苏巴朗的画作前，并与之相距大约 4.5 米，假设画作底边与我们的眼睛平齐，如下页图所示。当观看画中的背景地貌时，我们将画像的消失点固定在水平线的中间部分（即图中左侧的点）。我们来在图中右侧重建这幅场景轮廓。为了做到这一点，我们将画作的 AB 边框和消失点 C 做了转移。观看者视线投向

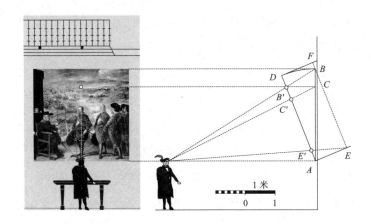

观看《防御英国的加迪斯国防部》的视线投射（来源：FMC）

C 点，因此其眼睛所看见的虚拟形象在 AD 平面上成形，该平面垂直于从其眼睛至 C 点的连线。画作看起来成了倾斜的，也就是说，画作的上半部分比下半部分更加远离观看者，这就意味着上半部分看上去更窄。同时，倾斜度也意味着画作的高度有所缩减，接下来我们就将尝试计算这一具体缩减程度。

　　将该画作看成是被倾斜放置于一个箱子里，该箱子用线段 $AEFD$ 表示。我们将画作的上边 B 投影至该箱子里，投影点就是 E 点。我们在观看者眼睛和 E 点之间画一条线，并在眼睛和 B 点之间画一条线，这些视觉连线分别落在画像平面上的点 E' 和 B' 上。眼睛与消失点 C 的视觉连线落在视觉平面上的 C' 点。现在我们要做的就是重建观看者在画像平面上所看见的情景。

　　我们已在图像平面上确定了三个点，即 B'、C' 和 E'。现

167

在我们来转移画像上定位这三个点的尺寸，以计算出观看者所看见的梯形的尺寸维度。

我们将观看者置于画作右前方，并将点 B'、C' 和 E' 分别转移至 B''、C'' 和 E''。B'' 点确定了观看者能看见的画作上半部分边缘的高度。C'' 点确定了水平线，该线的中点也就是地板透视线的交会点。最后，在点 E' 的高度上画一条水平线，我们就得到了与聚向消失点的线条相交叉的两点。将这两个点垂直延伸至穿过点 B'' 的水平线，我们就又得到了两个点。最后，将后面这两个点与画作基线连接起来，就可以确定观看者所看见的虚拟图像所在的梯形。

请看由白色线条所框定的梯形（见下图），甚至能领略到一种明显后倾的感觉。画中形象看上去像是向后有所变形，且被圈定在该梯形内。

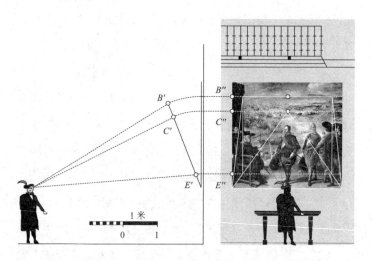

《防御英国的加迪斯国防部》在观看者眼中的变形（来源：FMC）

借助数字图像处理软件，我们不难进行上述转变。将图像处理技术应用于画作，我们最终可以领会到徘徊于布恩·雷蒂罗宫王国大厅，并在苏巴朗的《防御英国的加迪斯国防部》画作前驻足凝视的游客所能观看到的一切。

画中人物更加写实，头部比例更加匀称，身材更加苗条。更重要的是，加迪斯湾的全貌具有了深度感和真实感，看起来更像是真实地貌而非风景画。画中一切事物仿佛都各得其所，且比例恰当。

我们可猜想出读者此时可能存在的疑惑。苏巴朗在创作这幅画时真的已想到了以上这一切吗？在这种情况下，我们可以肯定地说，他的确想到了，或者至少当时参与其中的某位画家是这样想的。即便不是苏巴朗本人，也可能是负责王国大厅整体意象表现的某位画家，或许很可能就是委拉斯凯兹。当时的某位画家构思并计算了画中所有信息，以便当观看者置身房间中心欣赏画作时，画作能够显得"恰如其分"。事实上，苏巴朗的这幅画并非唯一呈现出这种变形的作品，委拉斯凯兹极负盛名的作品《长矛》也表现出同样类型的变形，尽管相对不那么明显。

《防御英国的加迪斯国防部》位于王国大厅其中一面侧壁的尽头，比《布列达的投降》稍窄。向梯形上下两边中心的倾斜度并不取决于画作宽度，而取决于其高度。这一点对于两幅画而言都是类似的，两边都是以同样角度向内倾斜，这样一来，由于《布列达的投降》更宽，按照比例来看，其倾斜的效果就更弱，更难以一眼就察觉出来。另外，处于委拉斯凯兹画作中央的拿骚城的贾斯汀和安布罗吉欧·斯宾诺拉都鞠躬，这也就有助于减弱在苏巴朗画作中出现的人物梨形问题。构图中对长矛的巧妙使用有助于掩饰变形问题，不过，如果我们也对该画作进行如《防御英国的加迪斯国防部》一般的转变处理，也会发现画中人物的比例有所改善。

如前所述，布恩·雷蒂罗宫如今仅存独立的布恩·雷蒂罗公园大宅、花园和北翼，也就是王国大厅所在地。军事博物馆新近也被安置于此。希望将来有一天王国大厅能被修复并纳入普拉多博物馆,大厅再次焕发出在腓力四世时代的光芒,且各幅有关战役的画作均物归原处,如此我们便能一窥迄今仅能通过数学眼光欣赏到的精彩。

失真与其他类型的变形

《牛津英语词典》将"失真"定义为"对事物的扭曲性投影或描绘,而该事物当从特定点或用合适的反射镜或透镜观察时是正常的"。因此,失真是当要求观看者使用特定装置,例如柱形或圆锥镜子,或当该物体被置于某特定位置时,观看该物体的重建形象的一种投影或透视。在计算机的帮助下,我们可以使某一图像变形,这样一来,当用柱形镜反射

观看时，该图像便能重获其初始形象。例如上页图中的书籍封面：

我们将该形象进行变形，从而使其能够通过一个直径为35毫米的柱形镜，并以45°角的方式观看，其结果如下图所示。有趣的是，我们可以在下图所示的柱形镜中看到修复后接近原图的图像。

如今我们能用计算机辅助完成的工作，过去是通过在图像

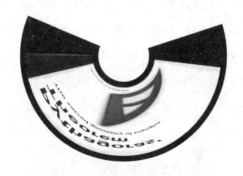

历史上最著名的画作失真

　　由小汉斯·荷尔拜因（Hans Holbein the Younger）绘制的画作《大使像》（*The Ambassadors*）中下半部分中央用画作失真手法创作的一块"污迹"曾引发后人广泛的讨论。

小汉斯·荷尔拜因绘制的画作《大使像》（1533），英国国家美术馆，伦敦

　　该画充斥着与数学相关的符号，画中描绘的两个人物是委托荷尔拜因创作该画作的时任法国驻英国大使让·德·丁特维尔（Jean de Dinteville，左），以及驻罗马、德国、威

尼斯共和国大使及教皇使节乔治·德·赛尔维（Georges de Selve，右），这幅画因此被命名为《大使像》。占据整幅画中央位置的家具上放置着一系列物品，揭示了画中人物的爱好：算术、几何、音乐和天文，这四项与文法、方言和修辞学一道，构成了七大文科学科。前四项被称作"四艺"，后三项被称作"三艺"。不过，画中最夺人眼球的当数前面提到的"污迹"，有些人称之为"乌贼骨"。这块污迹悬浮于空中，似乎并不是画作的一部分，这便是一种失真。神奇的是，当观看者蹲下并几乎从侧面来观察此画时，污迹会变形成一个骷髅头。

变形得以矫正的"乌贼骨"，呈现出骷髅头形象

上画一个网格并将网格内每个方块变形至圆弧上的对应部分而完成的。

委拉斯凯兹和抽象空间

现在让我们用数学的眼光审视画作《帕布罗·德·巴拉多

迭戈·委拉斯凯兹创作的《帕布罗·德·巴拉多利德》（1633），马德里普拉多博物馆

利德》(*Pablo de Valladolid*)，这幅画也保存在普拉多博物馆，由迭戈·委拉斯凯兹于 1633 年绘制。画中人物为一名宫廷表演者，看起来正在进行诗歌朗诵。

伟大的法国画家爱德华·马奈于 1865 年拜访西班牙时，对这幅油画作品惊叹不已，并赞誉有加："或许迄今最令人叹为观止的绘画作品就是这幅名为《腓力四世时代著名演员肖像画》(*Portrait of a celebrated actor in the time of Philip IV*，即《帕布罗·德·巴拉多利德》)的作品了。画中看不到背景。只有空气包裹着画中一袭黑衣、生气勃勃的人物。"

任何人，只要以数学视角来欣赏此画，第一反应都与马奈相同，那就是为之惊叹。人们不禁会想，帕布罗·德·巴拉多利德身在何地？脚踏何处？所处的空间是哪里？

空间概念

空间概念是西方文化中最伟大的概念之一，同样源于古希腊。就像柏拉图根据观察到的事物进而推想出抽象化的"理念"，这是一个复杂却合乎情理的发展过程。孩童们学习语言时，是逐渐学会单词含义的。例如，他们从眼睛所看到的桌子形象学会了"桌子"这一概念。从某种特定桌子开始，比如典型的四条腿桌子，形成概念后，人们会忽略桌腿数量（有些桌子只有一条或三条桌腿，或四条，或更多条桌腿，甚至一条桌腿都没有而被固定在墙边）识别出所有桌子。桌子的形状也逐渐被忽略，因为桌子不一定都是矩形的（也有圆形、方形和三角形桌子等），甚至连桌面是否平面都会被忽略，诵经台不就是一张稍微倾斜以方便阅读的桌子吗？

从数学意义上讲，给事物下定义就是依据原则对事物进行划分，这使我们得以将某特定事物归类为特定范畴，或是剔除该范畴。这就是解决下定义这一问题和其难点的乐趣之所在。我们大可以问一个简单的问题；"什么是桌子？"我们的初次尝试可能并不足以回答这个问题，因为它可能并不能囊括一切可能存在的桌子。如果我们坚持不懈的话，就将进一步确定对于"桌子"这一理念至关重要的特性，与之不相关的特性，以及哪些特性只适用于特定而非全部的桌子。这是一种运用逻辑思维解决抽象问题的直接方式。这种思维实践将会引领我们进入数学的世界。并且，如前所述，下定义这一理念本身在本质上就是数学性的。

不过，如果说从实物到概念的这一抽象化过程是相对可实现的，构想诸如"空间"这类抽象概念则是一个截然不同的过程。因为我们讨论的就不再是实物了，而是容纳实物的某种物质。事实上，或许空间这一概念的唯一特性就是它能容纳实物。该概念的起源便与房屋、神殿以及感官能够感知的容纳一切实物的大容器相关。因此，空间概念便成为西方思想中最具分量和相关性的范畴之一。

然而，尽管与实物相关的概念对于感知体验和才智的需求是被动的，空间这一概念则要求实操性的、理性的以及某种程度上的数学式行为。因此，该概念的起源与其他数学概念一致便不足为奇了。为了挖掘此概念，我们或许需要着眼于公元前6世纪的毕达哥拉斯学派。

空间概念与"连续性"概念密不可分，并且，考虑到其所诞生的数学大熔炉，空间还与位置和距离密不可分。在毕达哥拉斯学派诞生一个世纪之后，埃利亚的芝诺（Zeno of Elea）在其著名的时空悖论中再次提到了空间。

在这条道路上迈出下一步的是柏拉图于公元前4世纪下半叶写作的《蒂迈欧篇》（Timaeus）。柏拉图在书中写道：

> 存在、空间和产生，这三大元素以其各自的形式存在于创世之前。

该书首先提到了存在与产生，并写道：

> 其中一个（存在）永远伴随着合理推断，而另一个（产生）则是非理性的；其中一个不为劝服所动，而另一个则可被轻易劝服；可以肯定的是，每个人都带有其中一个属性，但对于理性而言，只有神和一小部分人才能拥有。既然这样，我们就必须承认，其中一种是自我同一的形式，是自发的、坚不可摧的，既不将其他形式的任何一部分纳入自身当中，也不将自身的任何一部分强加给别处。它同时还是无形的，并且不能以任何一种方式被感官察觉。它是理

性的领域所思量的物体。而第二种由前者命名而来，并与之类似，可由感官察觉，是衍生的，永远都可随身携带，来到某个地方然后又消失而去，且可在感觉的辅助下得以理解。

因此，在柏拉图看来，"存在"便是永恒不变、不可捉摸的，且只能通过合理推断和才智方能触及。而"产生"则是可由感官感知的事实，是不断变化着的、衍生出来的，且有始有终、可灭的，与"存在"类似但却与之现实不同。在这两者之间是空间：

而第三种便是永恒存在的空间，它包容破坏力，为一切衍生而来的事物提供场所，其自身可以在非感官的辅助下由某种不纯粹的推理所理解，几乎不是信念的对象；因为当我们思考这一点时，我们依稀幻想并断言，不论怎样，所有存在的一切都应当在某一场所存在，并占据某一位置，而这是必需的。而既不存在于地球上也不存在于天堂任何地方的事物，也就什么都不是。

我们对于空间的直观想法的所有重要特征便包含在柏拉图的以上定义中。

因此，空间就是处于存在和产生之间的某种事物。如果说存在仅能通过合理推断的方式，也就是严谨推理而获知的话，那么我们就仅能通过模糊推理来获知空间这一理念。尽管空间的确有着存在的某些特征，例如永恒不变、坚不可摧，它仍是可由感官感知的实物的容纳器，而这一点使之与存在的本质相脱离。正是空间赋予了存在之物以其本质，因为只有占据了某一席之地和位置的事物才存在着。

或许正是在这一环境中，即"存在"和"产生"中间，存在着通过"不纯粹的推理"所获知的事物，并且也是"难以置信的"事物的栖息之所。

如果说有关空间的第一个想法是容纳我们的房屋，或容纳神灵的圣殿，那么当空间这一概念成为文化理念并超越特定专业行话的范畴而进入通用词汇领域，就不足为奇了。建筑，尤其是古希腊建筑，便率先成为空间的美学体现，是空间的数学理念与艺术世界的初次实际接触。

如果说空间是永恒不变的话，那么建筑就是组织空间的一种方式。建筑师绘制参考线进行构造，筑墙以进行外围框定并确定其内部所含子空间，同时反映空间本身。数学从一开始便以某种方式在使身边事物得以视觉化的过程中扮演协调者的角色，而参与其中的几何学则与艺术共生，成了建筑的基础。

上述这些并未发生在绘画领域，至少在当时那个时代不是如此。绘画过程比现代更加缓慢，更加耗时费力。要想使现实事物在画布上得以视觉化必须面对诸多难题。我们是以三维角度来构想空间的，而画布表面却是平面的。因此就需要某种转换方式，这样，当人眼观看某一空间时对该事物的感知，便能与观看画作时得出的虚拟感知不谋而合。

正是这种让画中所呈现之物真实可信的期望催生了找到某种表征方法的需求。尽管在庞贝古城的一些湿壁画中已然能够发现一些初步的直觉性尝试，但直到文艺复兴时期才出现了一种合适的表征手法。我们已经看到，在透视法出现后的 15 世纪，空间得以在绘画中表现。

如此，绘画领域便诞生了关于空间本质的全新理念。空间不再仅仅是实物或那些能被"描画"的物体的容纳器，而是在画作中变为虚拟现实的假想物体的容纳器。

笛卡儿和牛顿的空间概念

17 世纪开始出现关于空间的数学概念，产生了若干基于柏拉图思想的定义空间的尝试。笛卡儿将空间定义如下：

> 据我的理解，几何学者探讨的主题是连续体，或在长、宽、高和深度无限延伸的空间，可以被划分为不同的部分，有着不同的形态尺寸，可以以一切方式移动或换位。

牛顿也提出了"绝对空间"的概念：

> 绝对空间就其本质而言，与任何外部事物无关，始终保持

类似且不可移动。

可以看出，两种定义都持续反映出容纳存在之物的空间的同样范式，尽管抽象化程度更高，但定义也更加精确。但空间仍然与本质这一概念相关联，仍然力图就可被感官感知的事物而言解读现实。然而，这已然是一个抽象空间了，存在于其所包含的对象的存在之外，受到规则制约，而这些规则本身又受制于几何分析。

《帕布罗·德·巴拉多利德》

我们探讨的委拉斯凯兹的这幅画和笛卡儿所阐明的空间概念发生在同时代，并在其各自的构想上协调一致。委拉斯凯兹这幅画的背景颇有意思，因为就表征特定事物而言，除了空间本身，该背景在其抽象程度上并不真实。西班牙哲学家奥尔特加·伊·加塞特（Ortega y Gasset，1883—1955）反思了该画作的背景：

这幅画呈现了一系列色料，这些色料并不寻求表征任何特定的或不清楚的、真实的或假想的物体。呈现在我们面前的并不是一个事物，甚至并不是某种元素。它非土，非水，非空气。从画作创造者挥毫泼墨的意图来看，很显然，他想要从我们的视野中排除一切计算或成形的幻象，使我们的注意力都集中到小丑的身上。为了达到这一点，他将画布涂上一层均匀无形的材料，这层涂料既不吸引也不分散人的注意力。他还运用了一种接近褐色的色彩，这不是任何事物的色彩，这种色彩是在画室中专门发明出来仅供绘画技巧目的之用。色彩凸显了帕布罗这一人物形象，凸显了人物的充盈感和肉身物质性。

奥尔特加·伊·加塞特补充道：

让我们来审视委拉斯凯兹画作中使我们将其界定为现实主义的一些元素。即便我们姑且说，对于画中人物的绘制手法而言，这一界定是合理的，但对于画作本身而言却是不

受委拉斯凯兹的《帕布罗·德·巴拉多利德》启发而创作的三幅画作。从左至右：爱德华·马奈创作的《哈姆雷特》，由菲利普·鲁维埃（Philippe Rouvière，1865—1866）扮演，现存于华盛顿特区，美国国家艺术画廊；戈雅创作的《弗朗西斯科·卡巴洛斯》（Francisco Cabarrús，1788），现存于马德里的西班牙中央银行；爱德华·马奈创作的《吹笛少年》（The Fifer，1866），现存于巴黎奥赛美术馆

合理的，因为画中不仅有人物，也有背景，且该背景不但不是现实主义的，甚至也不是非现实主义的。坦率地说，它是去现实主义的，因为该背景寻求抵消一切事物的相似之处。

至此，我们已与读者们分享了奥尔特加如此泰然自若提出的想法。但是，从数学角度来看，请允许我们谦恭地提出与他的下述结束语不同的意见：

在此，委拉斯凯兹想要在帕布罗·德·巴拉多利德的身边创造出一种空洞感，使其身边环境可以随心所欲地加以创造，这不过是一种画室实验罢了。

帕布罗·德·巴拉多利德身边的空洞感并非可以"随心所欲地加以创造"，而恰恰是空间本身以其数学形式的存在。同样，它也并非"随心所欲的"，或由委拉斯凯兹的意志或一时心血来潮所推动；相反，它受制于规则。笛卡儿和牛顿的空间概念在委拉斯凯兹最低限度的表达中体现得淋漓尽致。仅仅只是一抹色彩的运用，几乎都不是阴影，没有边际，是连续的、无限的、不动的、与任何外部事物都无关，其唯一目的就是要凸显帕布罗·德·巴拉多利德这一人物形象。

我们以数学眼光审视这幅画作，在画作背景中看到了以前仅能通过想象才能看见的、显然无法进行描绘的事物，即空间的画像。这就是为什么"当我们考虑这一点时，我们依稀幻想并断言，帕布罗·德·巴拉多利德必定在某一场所存在，并占据其空间"，并且，正是出于这一原因，"这家伙身穿一袭黑衣，生气勃勃"。

进一步审视委拉斯凯兹的画作

这幅画所蕴含的我们关于空间概念的征程始于毕达哥拉斯，但并没有终结于牛顿。数学和艺术创造自 17 世纪以来持续演变，并且两者的平行发展随着时间的推移一直存在。

如果说委拉斯凯兹的《帕布罗·德·巴拉多利德》代表了笛卡儿主义和牛顿模式的空间概念范式的话，那么到了 20 世纪的头 30 年，艺术先锋派和与其同时代的数学家们将会再次发掘出关于空间的全新理念，并以一系列交会点进行构思。而艺术和数学这两者的关系，从许多出发点看都是适用的，并能够扩大这些交会点。

第五章

建筑与几何

罗马万神殿中的数字与形状

在罗马随处可见的神殿中，没有哪一座神殿比万神殿更加声名显赫，该建筑现在也被称作圆形大厅。也没有哪一座神殿比万神殿保存得更加完整，这座神殿几乎保留了其原始修建时的风貌，只是殿内雕像和装饰物有所损坏。……万神殿得名于该神殿继罗马之神朱庇特之后被用来供奉罗马帝国治下地区的所有神灵，又或许是因为（其他人会这样认为）其形状（即圆形）象征着整个世界。万神殿从地板到光线入口的圆孔的高度等同于其内部围墙之间的宽度。现如今人们下行走至地板或路面，而此前是拾级而上的。

以上便是建筑大师安德烈亚·帕拉第奥（Andrea Palladio，1508—1580）用以描述罗马万神殿的话。该神殿的几何结构的确是独一无二的。大约公元前 27—前 25 年，屋大维·奥古斯都的女婿玛库斯·维普撒尼乌斯·阿格里帕（Marcus Vispanius

Agrippa）修建了当时第一座神殿，并以此作为重建战神广场的第一步。阿格里帕当时是第三执政官，自己出资修建了神殿。首座神殿的平面图计划为矩形，其圣殿（内厅）为横向设计，也就是宽度大于深度。其方向刚好与现存神殿的方向相反。神殿原始建筑和露天广场有共同的保存至今的对称轴。圣殿的宽度与圆形大厅的直径相当，且建筑物的原始深度与现存门廊等同。

　　该建筑在公元 80 年的一场大火中被彻底摧毁，但又于公

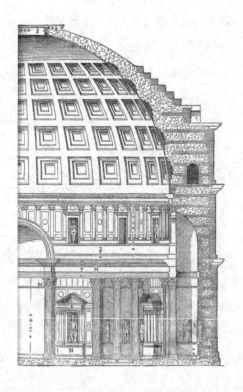

罗马万神殿的部分面貌，出现在安德烈亚·帕拉第奥的《建筑四书》中

元81—96年的图密善皇帝时代得以修复。修复好的神殿又于图拉真执政的公元98—117年被摧毁。因此,现存的神殿已经历过三次修建,在哈德良时期(公元117—138年在位的罗马皇帝),基于第二次被摧毁后图拉真发起的建造工程,万神殿最终建造完工。该项工程持续了很长时间,于哈德良执政时期最终落成,也就是公元125—128年。

在一些人看来,万神殿这个名称源于殿内众多的神像。不过在另外一些人看来,并且帕拉第奥本人也曾表示,万神殿的得名是因为其球状外形,这也与其神灵穹顶和七位行星天神相关:月亮、火星、水星、木星、金星、土星、太阳。在许多语言中,这七大星体又对应着一个星期的七天。

目前万神殿的外部由一间八柱式柱廊构成,也就是由8根立柱构成的回廊,它覆盖了一个山形墙,其比例不同于一些更传统的神殿。拿雅典的帕特农神庙为例,其山形墙三角形的高度与整个神庙高度之比为1︰4。罗马万神殿的这一比例为1︰3。换句话说,相较于希腊神庙,哈德良修建的山形墙更高。

有着矩形平面的柱廊的整个空间通过一个环状小室与内厅相连。现如今从外部来看,这三个部分似乎是将某些元素杂糅在了一起,并没有和谐的统一感。神殿的圆柱形结构有三层楼高,且顶端的外罩向下沉降,现如今的游客若从空中俯瞰的话,则会将其看成是一个浮于空中的大碟盘,就比例而言比柱廊显得更为巨大。三层楼之间的分隔表现为外部的三个飞檐,其中第二个飞檐对应内部穹顶的中线。第三层楼并没有内部的对应

罗马万神殿的外观（来源：FMC）

物，其出现似乎是因为有必要延伸边界墙的高度，同时增强建筑承重力，以便减轻穹顶巨大重量所造成的外部压力。

在哈德良时代，该建筑物的外观和现在完全不一样。其圆柱形结构被隐藏于广场之后，当时的广场也比现在要大得多。神殿四周有三面都环绕着类似于如今的柱廊列柱，只不过高度更矮。这些列柱与神殿的主门面连接在一起，形成了一个完整结构。游客首先会迷失在硕大的广场上，然后穿过一个由立柱环绕的开放矩形空间，该空间在古罗马年代会被太阳照得通亮。游客接下来会进入一个光线更加暗淡的环状室内区域，在此一束强光会通过顶端孔眼穿透进来，形成一种光线和具有清晰边界的阴影之间的强烈对比氛围。暴露的空间通向了另一个外形尺寸惊人的僻静的内部空间。

这座建筑的建筑和数学理念可归功于大马士革的阿波罗多罗斯（Apollodorus of Damascus，约 70—130），他在图拉真麾下担任过一些其他工作，尤其致力于图拉真式立柱的理念构建，以及该皇帝创设的论坛。他还与哈德良共同就蒂沃利镇的哈德良别墅的一些工程开展工作。哈德良在登基之前一度是建筑爱好者，而阿波罗多罗斯曾对哈德良的建筑天赋进行过评价，将哈德良的一幅穹顶画比喻为南瓜，使得他数年后失宠并随之被放逐，郁郁而终。

罗马万神殿的内部面貌；如图所示，穹顶有一个朝向天空的孔眼（来源：FMC）

西塞罗和天之口味

马库斯·图留斯·西塞罗（Marcus Tullius Cicero，公元前106—前43）在其《论神性》（On the Nature of the Gods，第二册第十八章）中撰写的一篇文章突出强调了球状体作为完美形状在古罗马宇宙观中的重要性，因此也在宇宙中最有可能成为完美形状。他如此写道：

> 你说你认为圆锥体、圆柱体和棱锥体是比球体更美观的形状，……我并不认同这一观点。不过，让我们来思考一下，要使这些形状在外形上更加美观的话，应该怎样改进呢？假设这种形状本身便包揽了其他所有形状，并且没有粗糙的表面，没有参差不齐的投影，没有棱角分明的凹痕或是弯曲，也没有凸起或是巨大的缺口。那么，有两种形状是超越其他所有形状的，一种是实心体的球体（这是我们对古希腊单词 σφαιρα 的翻译），另一种是平面的圆形或球形，古希腊人称之为 κυκλος。这两种形状几乎完全类似，其表面任一点与中心的距离都是等同的，这也是绝对完美的标志。如果你不能理解这一点，那是因为你尚未沾染过几何学的粉尘，饱览过几何学的魅力。……即便伊壁鸠鲁知道 $2 \times 2 = 4$，他也未必能够认识到宇宙是球状的。他太过沉迷于判断最适合自己

> 口味的事物，却未能抬起头来看看埃尼乌斯（Ennius）
> 的"天之口味"。
>
> 需指出的是，上述专门针对伊壁鸠鲁享乐主义者的这句话
> （"如果你不能理解这一点，那是因为你尚未沾染过几何学的
> 粉尘，饱览过几何学的魅力。"）中，"粉尘"指的是几何学家
> 们抛撒在地板或画板上用以绘制图形的粉尘。

该建筑的内部主要由一个蔚为壮观的半球式穹顶构成。穹顶的顶端有一个未经遮蔽的孔眼，其直径为 30 古罗马尺，相当于 8.92 米。该孔眼是唯一的光源入口。在雨天，雨水通过孔眼倾泻而下，覆落在广场地面上的环状马赛克图案上。地面汇集而成的水潭投射出穹顶的倒影，使得参观者可以看到穹顶的倒影刚好与之相接融，从而构成了完整的球体。

万神殿的内部几何结构既简单又充满和谐感，它是一个与圆柱体相切的球体。该球体的半径与鼓状物的内部等高。换句话说，我们可以从内部看见这样一个圆柱体，其高度是其基座直径的一半。该圆柱体被环绕其四周的飞檐分割为两层楼。上方的飞檐重合于穹顶拱基，其中心重合于穹顶中心，这样拱顶便形成了一个完美的半球形，只不过在靠近顶点的水平面上有一个开口，也就是孔眼。

该建筑的内部宽度为 43.44 米，相当于 150 古罗马尺，其球体半径为 21.72 米。其圆柱体底楼有七个神殿，其中，三个

尤瑟纳尔对哈德良的评论和对万神殿的描述

罗马的春天从未如此柔和、如此生机盎然，天空从未如此湛蓝。就在同一天，万神殿的献祭典礼有条不紊地在一片几乎静谧的庄严肃穆中举行。此前我已亲自修订了建筑大师阿波罗多罗斯过于保守的建筑构思。就建筑的结构而言，我受到了远早于辉煌灿烂的古罗马时期

比利时作家玛格丽特

的古伊特鲁里亚圆形神殿的启发，仅运用古希腊艺术作为一种额外的奢华装饰。我曾想要让万神之圣殿来重现地球和天体星空的全貌，地球包揽了永恒之火种，而浩瀚的星空则包罗万象。该建筑也形似古代的茅草屋，在当时古人的居所，炊烟会从茅草屋中央顶端的空穴中袅袅升起。万神殿的穹顶由硬质凝灰岩和轻型凝灰岩建成，看上去似乎像是由火焰的向上腾空运动而形成，并通过一个巨大的蓝黑相间的开口与天空相连。开放而又神秘的神殿被构思为太阳象限仪。每个小时会围绕着被古希腊工匠们精心打磨的地板的中心旋转；象征一天的圆盘会像一块金色盾牌一样搭在上方；滴落的雨水会形成一个水洼；人们在此的演说致辞会像炊烟一样从祭祀神灵的空间中袅袅升起。

《哈德良回忆录》，玛格丽特·尤瑟纳尔

半环形神殿和其余四个梯形神殿交错出现。所有神殿都是双柱式的，即入口都由两根立柱相分隔，只有主神殿除外，该神殿供奉着最主要的圣坛，位于主大门的对面。该"半圆形后殿"在形式上也是双柱式的，但是其立柱并不占据入口处空间，而是位于入口两侧。并且，其承重墙上有第八个凹槽，也就是整座神殿的入口。

　　神殿的大理石地板基本上保持着古罗马时期的原貌，外形轮廓稍有凸起，这样经孔眼流下来的雨水就能通过石板上的孔洞排出，流入位于地板下的排水槽。地板的几何图案为交错内嵌有更小的同心圆或方形的方框格纹。该交错样式开始于地板的中心，该位置有一个内嵌圆形的方框。从该中心位置出发，

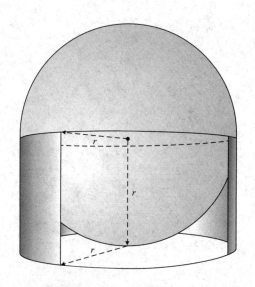

罗马万神殿内部结构的几何示意图（来源：FMC）

"大到足以遮蔽托斯卡纳全部人口的大穹顶"

阿尔伯蒂在《论绘画》中用以赞美其朋友菲利波·布鲁内莱斯基的以上言辞显然有些夸大。然而，布鲁内莱斯基为佛罗伦萨大教堂设计的穹顶十分恢宏，不论是从建筑学角度还是从美学角度而言都是一项壮举。该大教堂穹顶的构建未曾运用地面支撑，而是依靠一套自持系统，只有罗马万神殿的大穹顶能与之相媲美。不过，布鲁内莱斯基的建筑更加轻盈，更显纤细。对于15世纪的艺术家和人文主义者而言，该大穹顶证明了他们钦慕良多的古典时代的艺术与科学高度，在15个世纪以后，不仅是能够达到的，而且也是可以超越的。

菲利波·布鲁内莱斯基建造的大穹顶（来源：FMC）

这种交错样式向四面八方呈放射状出现。

该建筑著名的水泥穹顶以密度不同的建筑材料堆叠而成，石灰华和凝灰岩这些比较重的材料堆在底部，更轻盈一点儿的物质，如火山浮岩则堆砌在上部。厚重的木制支撑物从地板上一直延伸到顶端的孔眼。穹顶的内部表层装饰以五层共 28 块下沉式镶板，每一块不仅起到装饰的效果，而且减轻了该结构的总体重量。

穹顶中轴线和最上面一层镶板的平行线之间的中心夹角是51°。位于中间的平行板将连接穹顶中轴线和上方平行线的拱

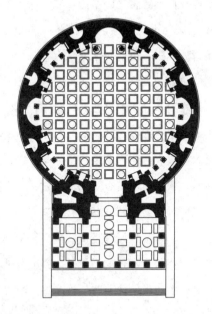

公元 2 世纪罗马万神殿的地板（来源：FMC）

门均等划分为五部分。换句话说，所有的镶板均等高，并且其层级越高，宽度越窄。

每块镶板的上边框都向球体中心倾斜，而每层镶板的下边框都朝向地板上一个假想的圆圈。如果我们将地板上圆圈的半径平均划分为七个部分，并通过其再画六个圆圈，将从小到大的各个圆圈从 0 到 5 加以标注，则每层镶板的下边框都指向与其层级数目相对应的圆圈。

让我们来更仔细地审视该神殿。我们发现，数字 7 和其倍数大量存在于万神殿的设计中。神殿共有七座小礼拜堂，并且穹顶每一层都有 28 块镶板，不过，仅有五圈镶板部分地覆盖住穹顶。在此我们不想将之归结为与数学毫无关系的神秘主义，因为神秘主义几乎总是会涉及猜测。但我们应该指出的是，这些数字背后的玄机可能与天文学有关。如此，镶板环与地板圆圈的对应可能与五大行星的运行轨迹有关。太阳可对应于透过穹顶孔眼投射至地板的光圈，一年中仅有为数不多的几天可以通过孔眼直接看见该光圈。28 块镶板，其数量刚好是数字 7 的 4 倍，可代表月亮周期或月历的每一天，该周期可被划分为四个阶段，每个阶段持续一周。不过，以上推断只是解释性的假设，我们对此需持谨慎态度。

作为一个整体，万神殿设计精良。该工程的建造不仅取得了足以支撑古典时代最大穹顶的力量效果，而且使得每一位穿殿而过的参观者心中产生一种和谐与整体感。

 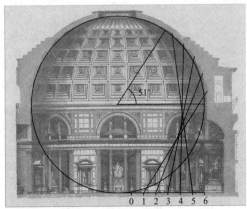

左图：设计为从地板进行透视的镶板（来源：FMC）

右图：罗马万神殿的横截面，图上标示有镶板下边框的交会点

球体和圆柱体：西塞罗和阿基米德

  如前所述，马库斯·图留斯·西塞罗对几何学十分热衷，而且似乎还对几何计算也感兴趣。据西塞罗描述，他曾于公元前 75 年拜访了西西里，并根据一块墓碑发现了阿基米德之墓，该墓碑上篆刻有一个置于圆柱体的球体。据传说，古叙拉古人认为阿基米德最伟大的数学发现就是证明了球体的体积和表面面积是容纳其圆柱体的体积和表面面积的三分之二。若球体半径为 r，容纳该球体的圆柱体的底面半径也为 r，圆柱体的高度则为球体直径，即 $2r$。若我们将球体的体积称作 V_s，将圆柱体的体积称作 V_c，则有如下公式：

$$V_c = \pi r^2 \cdot 2r = 2\pi r^3$$

$$V_s = \frac{2}{3}V_c = \frac{2}{3} \cdot 2\pi r^3 = \frac{4}{3}\pi r^3$$

同理，若将球体的表面面积称作 S_s，将圆柱体的整个表面面积，包括其圆边和两个底面，称作 S_c，则有如下公式：

$$S_c = 2\pi r \cdot 2r + 2 \cdot (\pi r^2) = 6\pi r^2$$

$$S_s = \frac{2}{3}S_c = \frac{2}{3} \cdot 6\pi r^2 = 4\pi r^2$$

将如上公式运用于万神殿，并将其半径定为 21.72 米，则可得出如下内部尺寸：

$$V_{万神殿} = \frac{1}{2}(V_c + V_s) = \frac{1}{2}(2\pi r^3 + \frac{4}{3}\pi r^3) = \frac{5}{3}\pi r^3 = 53.651\,\text{m}^3$$

$$S_{万神殿} = \frac{1}{2}(S_c + S_s) = \frac{1}{2}(6\pi r^2 + 4\pi r^2) = 5\pi r^2 = 7.410\,\text{m}^2$$

不考虑建筑物表面凹凸不平的话，万神殿的所有内部表面面积，包括地板在内，大约为 1482 平方米，是地板面积的 5 倍。

诺维拉圣母教堂：
人文主义建筑和莱昂纳多的团队

　　佛罗伦萨诺维拉圣母教堂外立面的建筑工程于 1350 年启动，但完成下半部分后，工程就停了下来。1439 年，佛罗伦萨市政议会在该教堂举行，讨论了完成教堂修建工程的提案。若干年后，该项工程被委派给莱昂·巴蒂斯塔·阿尔伯蒂。这

佛罗伦萨诺维拉圣母教堂外立面（绘画：AMA；照片：FMC）

佛罗伦萨诺维拉圣母教堂外立面上的鲁切拉伊家族族徽：风满扬帆的航行（来源：FMC）

位写作了《建筑论：阿尔伯蒂建筑十书》，并首次对透视画法有所论述的建筑大师，设计了教堂的上半部分，充分融合了积木性、比例性、平衡感、韵律感、和谐性和美感。阿尔伯蒂用拉丁术语"和谐艺术结构"归纳总结了建筑艺术的所有这些属性：比例性、韵律感、平衡感、美感等。

诺维拉圣母教堂现存建筑的第一块石砖于1246年的圣卢克日砌成，当时是为了重建一座曾被授予抵达佛罗伦萨的圣方济各会修士们的小型古旧教堂。该项建筑工程一直持续到14世纪中叶，并直到1420年才建成并由当时居住在城里的教皇马丁五世（Martin V）祝圣。

大教堂底部的6扇墓穴拱门、外部的哥特式侧门以及有卷帘的尖顶式拱门，均模仿了城市大教堂对面的圣乔万尼洗礼堂的建筑设计，以白色和青色大理石砌成，均在建筑外立面的第一阶段完工。当教堂修建到中央飞檐高度的时候，工程中断，该中央飞檐和中央大门均没能完工。

当时的豪门商贾乔万尼·鲁切拉伊委托其朋友、建筑大

《论著》中的论证

　　保罗·厄多斯（Paul Erdős，1913—1996）曾谈及《论著》（*The Book*）一书，他认为这是一部描述上帝如何制定一切数学定理的完美证据的虚构著作。他补充道，一个人为了成为数学家，不必信奉上帝，却要信奉《论著》。因此，《论著》中的论证与阿尔伯蒂的"和谐艺术结构"有着类似的完美结构，都是比例匀称的、平衡的、充满美感的。

　　以数学视角来审视诺维拉圣母教堂外立面，就可以很容易地理解"和谐艺术结构"的内涵，《论著》一书中令人信服的论证更是证明了这一点。

1992 年的保罗·厄多斯

师莱昂·巴蒂斯塔·阿尔伯蒂完成该建筑工程。阿尔伯蒂当时的提议是将教堂完全覆以青白相间的大理石砖，不过要大幅度修改教堂下半部分的风格，从而可以营造建筑整体的和谐性与比例性。教堂的下半部分近乎完整地保留了其在中世纪的外观，中央大门从古罗马万神殿汲取了灵感，不过现如今加上排屋式外侧立柱的设计，已经完全成了文艺复兴时期的风格。阿尔伯蒂还设计了教堂的上半部分，该部分与教堂

基于方形的比例（来源：FMC）

其余部分以一条宽阔的饰带相隔，该饰带被一分为二，我们会在后文再次讨论该饰带。教堂顶端孔眼的位置在纵轴线上，并不位于中心，这一点使得阿尔伯蒂在其周围又放置了一块方形材料，该材料由四根壁柱划分为三个区域，中心区域的宽度是两侧区域的两倍。这部分空间的网格状结构划分被填充以大小一致的矩形，有助于建立尺寸模块的标准。这使得整座建筑标准一致，更好地衔接了已完工的下半部分和以数学乘除法构建的新型元素。

整个建筑被框定在一个方框内，该方框由对称轴和饰带的上边缘划分为四个部分。饰带上的阁楼主体被镌刻在方格内，

群的概念

数学概念上的集群是指对一个组合 G 进行二元运算构成的代数结构。当 $(G, \circ)$ 满足以下属性，则具备了一个群的结构：

1. 封闭性，操作是"内部的"，换言之，操作群内部任意两个元素的结果是形成了该群内部的另一个元素。

$$\forall x, y \in G, \text{这表明} x \circ y \in G$$

2. 结合律，操作是"关联性的"，也就是说，对于群内部的任意三个元素，如果我们用第二个元素操作第一个元素，并用第三个元素操作第一步所得出的结果，最终的结果与先用第三个元素操作第二个元素，再用其结果操作第一个元素是一

样的。

$$\forall x, y, z \in G,\ \text{这表明}\ (x \circ y) \circ z = x \circ (y \circ z)$$

3. 单位元，即中立元素（独特性）。G 中存在元素 Id，这个独特的元素证实了 $\forall x \in G,\ Id \circ x = x \circ Id = x$。

4. 逆元，也叫对称元素。对于集群的所有元素 x，都有另一个 x' 来表明：

$$x \circ x' = x' \circ x = Id$$

等距映射是一种几何转换，指的是集合里各元素之间的距离等距，换言之，也就是"刚性"运动，没有"变形"。在一个平面上的等距映射可以是围绕某一点的旋转，或沿某一轴线朝某一方向的平移或反射。这种平移和沿平行于平移方向的某轴线的反射的组合，也就是滑动，也被视为等距映射。

莱昂纳多的群

莱昂纳多的群是有限数量元素的移动群，且任一运动都始终有一点保持固定。这类群仅包括旋转和反射，且被划分为两种类型。

第一种类型对应于循环群，由一次旋转形成，其旋转幅度是 360° 的整除数。例如，C_3 就是由以 120° 角为基础进行旋转（即 g）形成的，其元素为：

$$C_3 = \{Id, g, g^2\}$$

其中, *Id* 代表单位元。

集群 C₃，中心的固定点为旋转中心

第二种类型对应于双面群，由一次旋转和沿穿过旋转中心的轴线的对称而形成，表征为 D_n。

 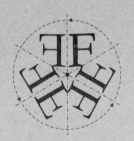

左图：通过 D_3 形成的恒定图形
右图：标有对称轴和旋转轴的图形

例如，D_3 就是由以 120° 角为基础进行旋转（即 *g*）和一次对称（即 *s*）所形成，其元素为：

$$D_3=\{Id, g, g^2, s, s\circ g, s\circ g^2\}$$

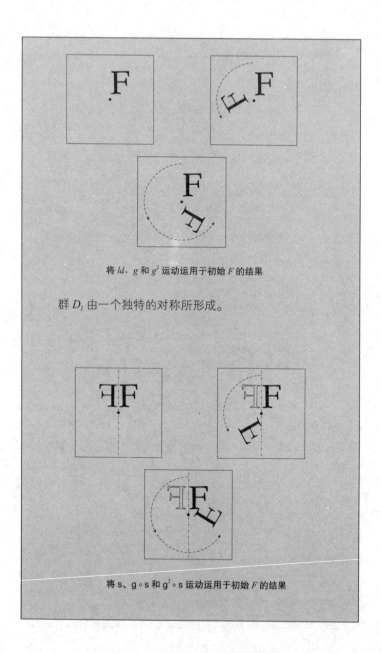

将 ld、g 和 g^2 运动运用于初始 F 的结果

群 D_1 由一个独特的对称所形成。

将 s、g∘s 和 g^2∘s 运动运用于初始 F 的结果占据了全部面积的四分之一。为了使各部分和谐，除教堂中殿与侧殿的高度差之外，还有两个有圆形轮廓的三角形涡卷饰，构成了两个圆盘形状。阁楼上方顶有一幅插画，镌刻有一个圆环，中间有一个光芒万丈的太阳。中央孔眼加上边框的直径为上方和两侧这三个圆盘的两倍。主导这部分建筑的图案模式显然为方形，不过，我们也可以发现黄金比例的存在，尽管并不那么精确。其他比例也同样存在，比如中央大门宽度和高度之比为 2 ∶ 3。

即使不是神圣化了的黄金比例，其他比例也有着双重意义，不仅可以使设计模块化，从而更易于构建，而且也是出于纯粹的美学考虑，使得各部分协调成一个整体。

比例匀称的结果是显而易见的：一个协调平衡且韵律感十足的整体，其双重色彩的理念彼此和谐。不过，让我们在此将注意力转移至中央饰带上。该饰带由 15 个绿色基调的大理石方块组成，每一块都嵌含着一个玫瑰花饰。粗略地一瞥外立面整体，这些玫瑰花饰都不怎么明显。大理石运用了三种色彩：绿色、白色和粉红色。

现在让我们来研究一下与饰带的每一块玫瑰花饰逐一对应的群。为更好地做到这一点，我们将根据每块花饰所占据的位置用数字标明。

第一块和第二块属于 D_5 群，由以 72° 角为基础进行旋转和纵向对称所形成。

第三块和其外围属于 D_{16} 群，位于中间区域的则属于 D_8

诺维拉圣母教堂装饰有 15 块玫瑰花饰的饰带，每一个都有着截然不同的几何设计，
且都嵌含在方块内（来源：AMA）

一些可能的黄金比例（来源：FMC）

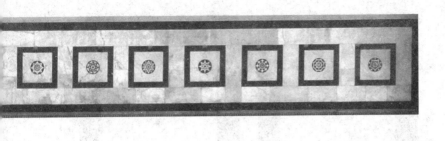

嵌含一个涡卷饰图案的方块占全部的 1/16，大门的比例为 2:3（来源：FMC）

该图案再现了诺维拉圣母教堂饰带第一、二块玫瑰花饰

第三块玫瑰花饰   第四块玫瑰花饰

群；但由于其内部含有一个四边形，则该整体属于 D_4 群。

值得注意的是，其对称轴沿着与纵轴呈 11.5° 角的轴线旋转（其余的则为 56.5°、101.5° 和 146.5°）。

第四块玫瑰花饰本应属于 D_8 群，但由于其内部含有一个六角星，它就成为 D_2 群中的一个。

第五、六、七块花饰属于 D_4 群。

第五块玫瑰花饰

第六块玫瑰花饰

第七块玫瑰花饰

第八块玫瑰花饰

占据中心位置的第八块花饰属于 D_6 群，表征为中心的六角形。

第九块花饰属于 D_4 群。

第十块花饰最有意思，其中心图案的对称性使其属于 D_8 群，但外围一圈的郁金香花饰又打破了这种对称性。因此，该块花饰没有固定的对称轴，所以事实上属于 C_8 群。

第九块玫瑰花饰

第十块玫瑰花饰

第十一块玫瑰花饰

第十二块玫瑰花饰

第十一块花饰显然属于 D_6 群，第十二块则属于 D_8 群。

第十三块若不考虑中心圈的话，则属于 D_8 群，但仔细查看该中心圈则会发现其内含一个五角星。由于 5 和 8 互为质数，该块花饰作为一个整体仅存在纵向对称。因此，该块花饰属于 D_1 群。

第十四块属于 D_4 群，而这也是所有十五块花饰中最常见

第十三块玫瑰花饰

第十四块玫瑰花饰

第十五块玫瑰花饰

的群。

最后，第十五块花饰整体表现为五角形结构，但由于中心有一个三角形，该块花饰也仅属于 D_1 群，仅有一条独特的对称轴和同一性。

总结起来，除第十块玫瑰花饰属于循环群 C_8 外，其余花饰均为双面群，并可被归类如下：两块 D_1，一块 D_2，六块

D_4，两块 D_5，两块 D_6，仅有一块 D_8。

佛罗伦萨是一座充满艺术和数学的城市，既美丽又神秘，所以它成为最受欢迎的旅游城市之一也就不足为奇了。如果本书读者今后有机会沿着阿尔诺河游览这座城市，并徜徉穿过旧桥，或是一路爬坡至米开朗琪罗广场以饱览城市全貌的话，不妨也展开一次"数学之旅"。我们建议读者参观僻静幽深的诺维拉圣母教堂广场，并以数学视角来沉静凝视这惊为天人的大教堂外立面，感受人类智慧与美的结晶。

参考书目

ALBERTI, L.B., *On Painting*, New Haven and London, Yale University Press, 1970.

FIELD, J.V., *The Invention of Infinity, Mathematics and Art in the Renaissance*, Oxford, Oxford University Press, 1997.

FIELD,J.V., *Pierro della Francesca. A Mathematician's Art*, New Haven and London, Yale University Press, 2005.

MAETZKE, A.M., *Piero della Francesca*, Milan, Silvana Editoriale, 2012.

PANOFSKY, E., *Perspective as Symbolic Form*, Zone Books, 1997.

STIERLIN, H. *The Roman Empire. From the Etruscans to the Decline of the Roman Empire*. Singapore, Taschen, 2004.

TAVERNOR, R., *On Alberti and the Art of Building*, New Haven and London, Yale University Press, 1999.